超省時減醣瘦身湯

5 MIN

主婦之友社／著

5分鐘搞定！用燜燒罐就能做，
103道湯便當＆宵夜湯，美味零負擔！

Contents

不同食材的瘦身湯

常備湯底＆變化應用

好吃不發胖

什麼是超省時減醣瘦身湯？

善用快速的「燜燒罐湯便當」，以及簡單的「零負擔瘦身湯」，就可以在短時間內完成當便當或宵夜都無罪惡感的低醣低熱量美味餐！

減醣低卡

早安 燜燒罐湯便當

p.9

- 一個燜燒罐搞定，不用洗一堆碗盤
- 放入營養滿點、色彩豐富的蔬菜就完成
- 活用燜燒罐的蓄熱力，縮短料理時間

用燜燒罐，取代湯鍋！

雞肉黃豆芽酸辣湯（p.34）

豬肉茄子番茄湯（p.12）

輕鬆縮時

晚安 零負擔瘦身湯

p.55

- 下班回到家也願意下廚的簡易料理
- 當作宵夜飽食一頓也毫無罪惡感
- 一次完成晚餐和隔天的便當

雞肉青花菜番茄起司湯（p.85）

香腸綜合豆湯（p.61）

高飽足感

超省時減醣瘦身湯

食譜特色

一道料理就是一個便當

想要準備明天中午的便當，一道菜就夠了！
不必費事烹煮多樣菜色，用豐富營養的湯品輕鬆搞定。

簡單3步驟的料理食譜

不論是加班很晚回家，或是早上匆忙起床，
讓人維持料理意願的10分鐘湯料理。

同時間完成晚餐和便當

同時介紹增加烹煮量後的保存方法、保鮮期，
以及隔天想帶出門當便當的方法。

怕胖、想減脂的人也OK

書中收錄的食譜都是以低醣、低熱量為原則，
即使是作為萬惡的宵夜也能大口享用。

Column

減醣飲食法為何有瘦身效果？

「減醣飲食」是時下流行的減重方法，只要減少攝取米飯或麵類等含醣量高的碳水化合物，改為享用醣含量較低的肉類、蔬菜等，即可達到降低飲食熱量的瘦身效果。

碳水化合物 － 膳食纖維 ＝ 醣類

從碳水化合物中減掉膳食纖維所得的數值，即為「醣類」。

人體在進食後，身體吸收醣類會讓血糖值會上升，此時體內會為了維持穩定的血糖分泌胰島素。胰島素有著**「肥胖荷爾蒙」**的別名，主要功能是將人體過量攝取的醣類轉化成脂肪後儲存在體內。因此，如果可以抑制醣類的攝取量，身體就會將儲存在體內的脂肪轉換成能量消耗掉，這就是利用減醣飲食來瘦身的原理。

透過減醣達到減重效果

採取減醣飲食方式…

消耗體內脂肪　**身體不會額外堆積脂肪**

瘦身成功！

自己的需求輕鬆選擇！

早

燜燒罐湯便當

想要省時省力、以最快速度做好時

7種風味湯底 & 食材變化

▼ p.40

只要掌握番茄高湯、奶油濃湯等7種基本風味湯底，活用家中現有食材，自由搭配好簡單！

不用開火！燜燒罐湯便當

▼ p.28

直接放入食材和熱開水，燜煮一個早晨，中午就能喝到美味湯品。也可以活用免切洗食材，超級方便。

5分鐘完成！燜燒罐湯便當

▼ p.10

利用高蓄熱力的燜燒罐，可以大幅縮短料理時間！即使是切粗塊的蔬菜，放進燜燒罐後，在通勤途中也能慢慢煮軟、變得好吃入味。

一道料理
就能營養滿分的
燜燒罐湯便當！

燜燒罐湯便當 or 零負擔瘦身湯 配合

晚

減醣瘦身湯

想要同時料理晚餐、宵夜或隔天便當時

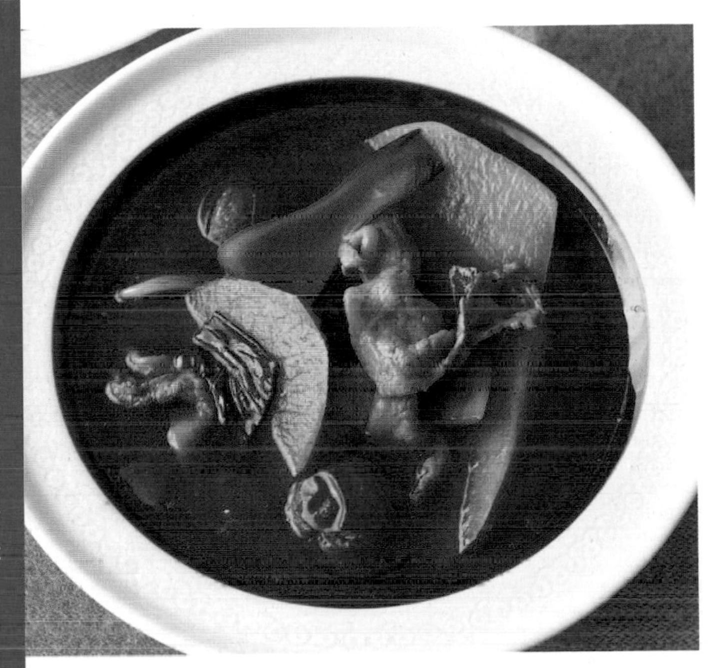

不同食材的減醣瘦身湯

p.72

高蛋白質的食材搭配蔬菜，均衡營養又不會發胖！再晚吃也能吃得毫無罪惡感。

微波就OK瘦身湯

p.56

將備好的食材放進耐高溫容器，就可以交給微波爐了！不必使用湯鍋，飯後清洗工作也簡化許多。

湯品的保存方法

湯煮好放在室溫冷卻，再盛裝到適當的容器冷藏或冷凍。一次煮大分量保存，想吃時就能快速上桌。

冷藏 大約可放2～3天。使用前，放到湯鍋裡煮滾，或是放入耐高溫容器後用微波爐加熱，再倒入預熱過的燜燒罐即可。

冷凍 大約可保存3～4週。要注意有些食材冷凍後口感會不同，裝入燜燒罐做湯料理前的解凍方式和冷藏保存一樣。

冷凍NG的食材 豆腐、蒟蒻、豆芽、馬鈴薯、溏心蛋、水煮蛋及其他黏液豐富的食材等。

關於燜燒罐的小知識

【容量的選擇方式】

●燜燒罐有不同的容量，希望配料能豐富一點的話，建議選購300～400ml的大小。

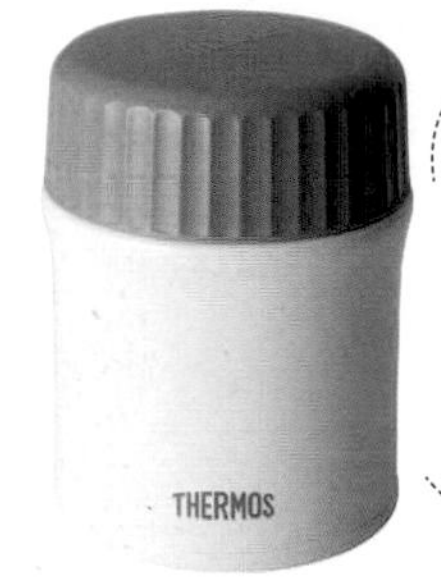

本書的燜燒罐食譜，以**1人份＝350ml**為參考依據。請配合家中的燜燒罐調整用量。

●請依照使用説明書建議，注入量通常以至瓶口水圈下1cm處為限，超過容易滲漏。

※為了看清楚湯品內容物，本書照片中的湯量比較多。

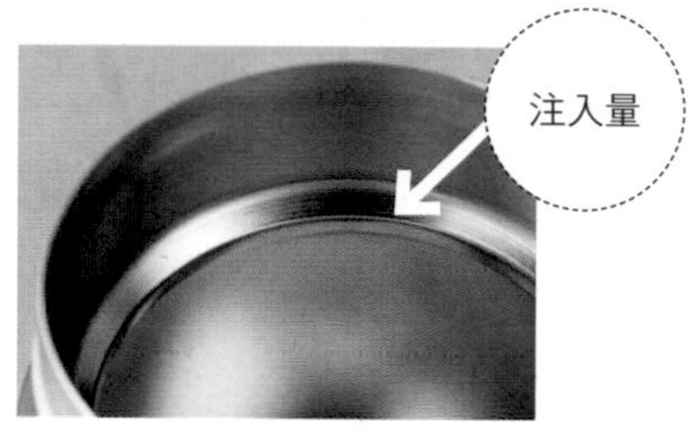

【使用訣竅&注意事項】

●重要提醒！注入湯品前，一定要先在燜燒罐中倒入沸水，預熱2～3分鐘後倒出。

●燜燒罐湯料理最佳品味期為3～4小時，最慢請在倒入後6小時內食用完畢，若超過6小時湯品容易變質。

●肉類、魚類等生食及乳製品，請確定煮熟之後再放入燜燒罐。

●燜燒罐不能放進微波爐加熱，也不適合放入洗碗機裡清洗。請遵照説明書的指示。

預熱後的蓄熱效果更好！

※「不用開火的燜燒罐湯便當（p.28～39）」中將食材和熱開水一起放入罐中的步驟，就是為了達到預熱效果。

本書的使用方式

- 1大匙＝15ml，1小匙＝5ml，1杯＝200ml。
- 處理蔬菜的步驟若無特別説明，代表已經做完清洗、削皮等預處理。
- 火候若無特別説明，皆以中火烹煮。
- 調味料若無特別説明，則醬油使用濃醬油，砂糖使用上白糖（可用白砂糖），麵粉使用低筋麵粉。另外，胡椒粉可依個人喜好選擇白胡椒粉或黑胡椒粉。
- 高湯是由昆布、柴魚片、小魚干等熬煮成的日式高湯。使用市售商品時，請依包裝盒上的標示，試味道後再做調整。
- 西式湯料理使用高湯粉、高湯塊，而中式湯品則使用雞高湯。
- 微波爐的加熱時間因機種和食材不同而異，請視狀況調整。
- 醣含量、熱量為1人份的數值。因食材可能有品種、大小等變因，僅供參考使用。另依個人喜好增加的配菜，不列入計算之內。
- 烹煮時間不包含清洗食材、量取調味料等時間，請酌情參考。

Part 1

減醣低卡！燜燒罐湯便當

不必細火慢燉
5分鐘完成
的燜燒罐湯便當 ▸▸ p.10

連湯鍋都派不上用場
不用開火
的燜燒罐湯便當 ▸▸ p.28

搭配組合超豐富
7種風味湯底
&食材變化
▸▸ p.40

料理／岩崎啓子

5分鐘完成的燜燒罐湯便當

將肉、魚煮熟後，其他食材放入燜燒罐慢慢熟成就好了。即使在忙碌的早晨，只要撥出5分鐘，就能輕鬆完成配料豐富的暖心煲湯，一罐搞定具有飽足感的健康午餐。

雞肉青花菜蛋花湯

料理時間
5分鐘

材料（1人份）

雞胸肉 …… 60g
青花菜 …… 50g
紅甜椒 …… 1/8個
雞蛋 …… 1顆
披薩用乳酪絲 …… 20g
高湯粉 …… 1/4小匙
鹽 …… 1/5小匙
胡椒粉 …… 少許
粗黑胡椒粒 …… 少許

準備

- 雞胸肉切片備用。
- 青花菜切小朵後切成適口大小。
- 紅甜椒切絲。
- 將水煮開注入燜燒罐中，預熱2～3分鐘，倒出。

料理步驟

1. 將雞蛋打散後加入乳酪絲拌勻。
2. 將200ml的水、高湯粉、雞胸肉片放入湯鍋煮滾，再加入青花菜、紅甜椒、鹽、胡椒粉。
3. 煮滾後淋上1，等蛋液膨脹後熄火。倒入預熱後的燜燒罐，再視個人喜好撒上粗黑胡椒粒。

鬆軟又濃稠的起司蛋！
使用低醣食材料理的瘦身湯品

1人份
醣類 2.1g
249kcal

豬肉茄子番茄湯

材料（1人份）

豬肉片 ------ 60g
日本圓茄 ------ 1條
小番茄 ------ 3顆
紅辣椒（圓片） ------ 少許
A | 魚露 ------ 1小匙
　| 鹽、胡椒粉 ------ 少許

準備

- 茄子去蒂、削皮後，切成1cm厚的圓片。
- 小番茄去蒂。
- 將水煮滾注入燜燒罐，預熱2～3分鐘倒出。

料理步驟

1. 將200ml的水倒入湯鍋煮滾，放入豬肉片、茄子、紅辣椒。
2. 煮滾後，加入A調味，並和小番茄一起倒入預熱後的燜燒罐。若有香菜可依喜好添加少許來提味。

料理時間
4分鐘

POINT

如果茄子連皮一起放入燜燒罐，湯汁會變黑，建議使用削皮器簡單去皮後再切片。

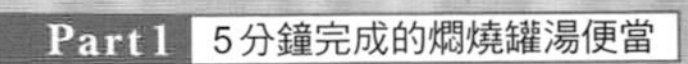

放入一整條茄子和小番茄，
分量相當具有飽足感，
還帶有酸甜的提味效果！

1人份
醣類4.1g
185kcal

豬肉小松菜擔擔湯

料理時間
3分鐘

材料（1人份）

豬肉片 …… 60g
小松菜 …… 80g
蔥 …… 1/4根
豆瓣醬 …… 1/4小匙
A｜水 …… 100ml
｜豆漿（無糖） …… 100ml
｜醬油 …… 2小匙
｜雞粉 …… 1/4小匙
白芝麻粉 …… 2小匙
芝麻油 …… 1小匙

準備

- 小松菜切3cm長段。
- 蔥切斜片。
- 將水煮滾注入燜燒罐，預熱2～3分鐘倒出。

料理步驟

1 平底鍋裡淋芝麻油，熱鍋後放入蔥片炒香，再加入豬肉拌炒，最後放入豆瓣醬拌勻。

2 將A倒入鍋中煮滾，放白芝麻粉、小松菜燙一下，再倒入預熱後的燜燒罐。

POINT

先將蔥片炒出香味再放入豬肉拌炒，可以讓豬肉帶有滿滿蔥香，後續放入的蔬菜也能有濃郁香氣。

用芝麻粉和豆漿調製的擔擔湯十分濃郁，
再加入豆瓣醬增添辣味更豐富。

1人份
醣類6.8g
350kcal

海鮮蔬菜巧達濃湯

料理時間
5分鐘

材料（1人份）

綜合海鮮（冷凍）----- 80g
綜合蔬菜（冷凍）----- 100g
高湯粉 ----- 1/4小匙

A | 牛奶 ----- 100ml
　| 奶油 ----- 1小匙
　| 鹽 ----- 1/6小匙
　| 胡椒粉 ----- 少許

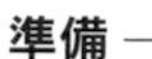

準備

● 將水煮滾注入燜燒罐中，預熱2～3分鐘倒出。

料理步驟

1 將100ml的水倒入湯鍋，加高湯粉煮至水滾，再放入冷凍的綜合海鮮和蔬菜，蓋上鍋蓋燜煮。

2 水滾後轉小火等待3分鐘左右，加入**A**煮滾再倒入預熱過的燜燒罐。

POINT

善用預處理過的冷凍海鮮，及包含多樣蔬菜類型的綜合冷凍蔬菜，即可完成色彩豐富的湯品。冰箱備有冷凍食品可提升料理的方便度，使用時請勿解凍。

已經預處理的冷凍食品超方便！
用牛奶取代鮮奶油的濃湯，
味道輕爽無負擔！

1 人份
醣類 9.3g
192kcal

鮭魚蕪菁咖哩湯

料理時間
4分鐘

材料（1人份）

鹽漬鮭魚 …… 1小片
蕪菁 …… 1個
蕪菁葉 …… 30g
※也可以用蕪菁、蘿蔔代替。
高湯粉 …… 1/4小匙
咖哩粉 …… 1/3小匙
鹽 …… 1/5小匙
胡椒粉 …… 少許

準備

- 鹽漬鮭魚去皮、切成適口大小，抹上胡椒粉。
- 蕪菁削皮後滾刀切小塊。
- 蕪菁葉切3cm長段。
- 將水煮滾注入燜燒罐中，預熱2～3分鐘倒出。

料理步驟

1. 將200ml的水、高湯粉、蕪菁放入湯鍋烹煮，水滾後加入鮭魚，蓋上鍋蓋燜煮大約3分鐘。
2. 加入咖哩粉、鹽、蕪菁葉，再度煮滾後，倒入預熱過的燜燒罐。

配菜技巧！

用牛奶取代一半的水，立刻化身成咖哩牛奶湯！也可以用柚子胡椒取代咖哩粉變換風味。

蕪菁的根部和葉子都能入菜，
料理起來很方便，還能輕鬆增添料理的色彩！
另外，使用鹽漬鮭魚可減少魚腥味產生。

1人份
醣類3.2g
143kcal

牛肉青江菜芝麻湯

料理時間
5分鐘

材料（1人份）

牛肉片 …… 60g
青江菜 …… 1/2株
鴻喜菇 …… 30g
日式高湯粉 …… 1/6小匙
醬油 …… 1小匙
鹽 …… 少許
白芝麻粉 …… 2小匙

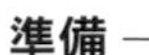

準備

- 將青江菜一片片剝下，切成適口大小。
- 鴻喜菇分成小朵。
- 將水煮滾注入燜燒罐中，預熱2～3分鐘倒出。

料理步驟

1 將200ml的水和高湯粉放入湯鍋煮滾，再加入醬油、鹽、鴻喜菇、牛肉片。

2 稍微拌開肉片煮熟，加入青江菜、白芝麻粉，待煮滾後倒入預熱後的燜燒罐。

配菜技巧！

可用蒟蒻絲取代鴻喜菇增添飽足感，也可用豆漿替換一半的水量變換風味。

低醣食材大集合，營養又健康！
利用白芝麻粉煮出濃郁美味的湯品。

1人份
醣類 1.7g
229kcal

梅味雞丸子白菜湯

料理時間
5分鐘

材料（1人份）

雞絞肉 …… 80g
大白菜 …… 1片
鹽梅干 …… 1/2個
料理酒 …… 1小匙
鹽 …… 1/5小匙
醬油 …… 1/4小匙

準備

- 大白菜切小片。
- 將水煮滾注入燜燒罐中，預熱2～3分鐘倒出。

料理步驟

1 將200ml的水及料理酒倒入湯鍋煮滾，用湯匙將雞絞肉整型成一口大小的肉丸並放入湯鍋烹煮。

2 蓋上鍋蓋，煮滾後轉小火再燜3分鐘。加入大白菜、鹽、醬油，再度煮滾後即可倒入預熱後的燜燒罐，最後放入鹽梅干。按喜好可再添加2個花麩（分量外）。

POINT

肉丸不需要事先調味，直接用湯匙整型成約2cm大小的丸子放入鍋中，既不會沾手又方便入口。

梅干的香韻會在燜燒過程中釋放，
輕鬆做出專業料理的風味！
最後用花麩妝點，看起來相當賞心悅目。

1人份
醣類 2.8g
167kcal

牛肉高麗菜羅宋湯

材料（1人份）

牛肉片（薄片）⋯⋯60g
高麗菜⋯⋯1大片
紅蘿蔔⋯⋯60g
高湯粉⋯⋯1/4小匙
A | 蒜頭⋯⋯1瓣
濃縮番茄汁（原味）⋯⋯100ml
鹽⋯⋯1/5小匙
胡椒粉⋯⋯少許

料理時間
5分鐘

準備

- 高麗菜切小片。
- 紅蘿蔔以滾刀切塊。
- 蒜頭切片。
- 將水煮滾注入燜燒罐，預熱2～3分鐘倒出。

料理步驟

1. 將150ml的水和高湯粉、紅蘿蔔放入湯鍋，蓋鍋蓋煮滾後，轉小火續煮3分鐘。
2. 把火轉大後，加入牛肉、高麗菜、A，煮滾到肉熟後，倒入燜燒罐。喜歡的人也可以在吃的時候加一點奶油乳酪。

POINT

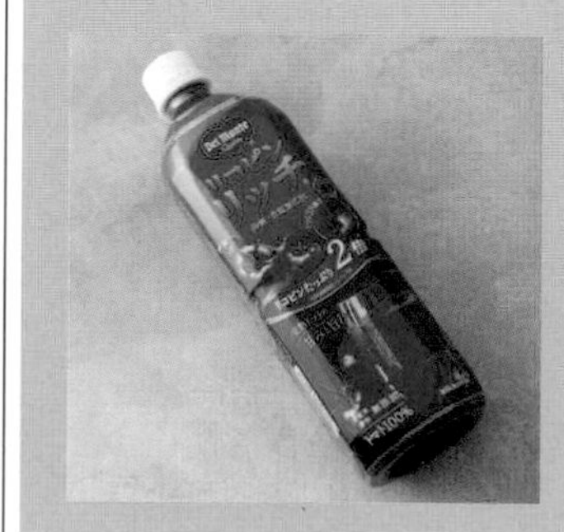

活用含有豐富茄紅素的番茄濃縮原汁，在短時間就可以煮出香濃的味道，建議選擇100%的番茄原汁，健康又美味！

匆促的早晨也能迅速備好湯便當！
用奶油乳酪取代酸奶油，
調和出溫和協調的滋味。

1人份
醣類 11.1g
255kcal

中華油豆腐蔬菜湯

材料（1人份）

油豆腐 ----- 1/3塊（80g）
青椒 ----- 1個
番茄 ----- 1/2顆
A | 水 ----- 200ml
醬油 ----- 略多於1小匙
蠔油 ----- 1/4小匙
雞粉 ----- 1/4小匙
鹽、胡椒粉 ----- 少許
芝麻油 ----- 1小匙

料理時間
4分鐘

準備

- 油豆腐切成適口大小。
- 青椒去除蒂頭和籽，切片。
- 番茄切成瓣狀。
- 將水煮滾注入燜燒罐中，預熱2～3分鐘倒出。

料理步驟

1 將芝麻油倒入湯鍋，熱鍋後放入青椒快炒過油，即可加入**A**和油豆腐。

2 煮滾後加入番茄，再倒入預熱後的燜燒罐即完成。

配菜技巧！

想要增添飽足感可以自行增加冬粉，或是榨菜、筍干等配料，最後淋上辣油提味更有層次。

將配料切大塊，即使食材不多也能有豐富口感！
讓番茄細細燜煮到軟爛，湯汁更鮮美。

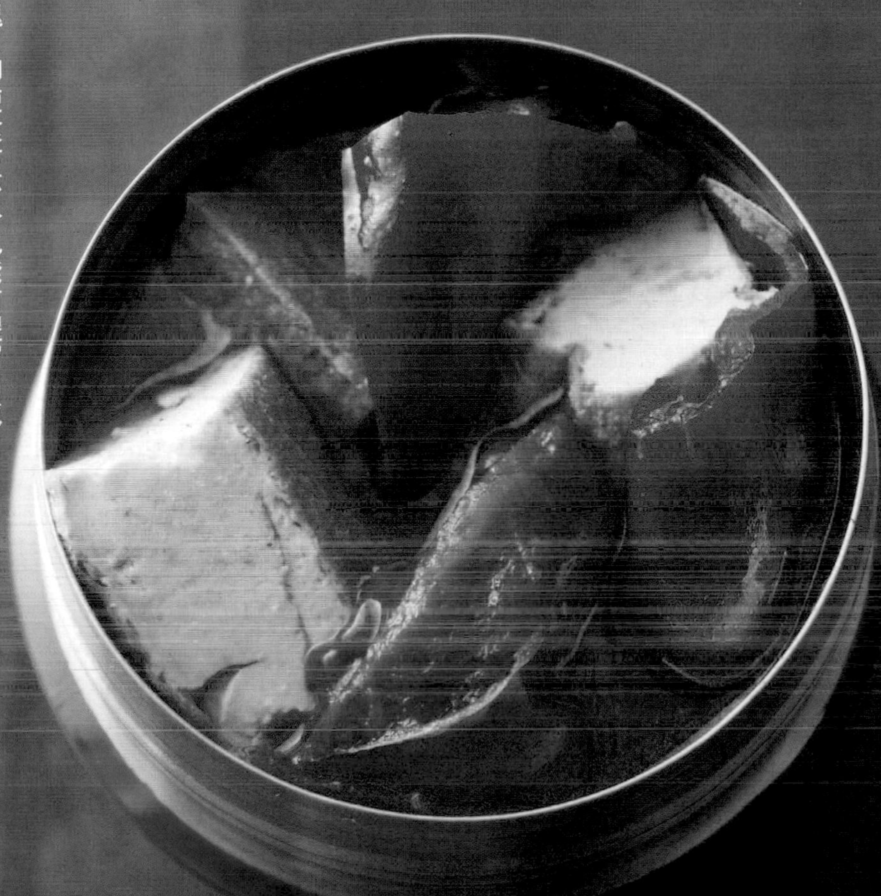

1人份
醣類 5.5g
189kcal

不用開火的燜燒罐湯便當

連湯鍋都派不上用場

高蓄熱力的燜燒罐是沒有廚房但想自煮料理的好幫手，放入食材、倒入熱水，放著燜3～4小時就能完成美味湯品。也推薦給不想洗鍋碗瓢盆的你，放心交給燜燒罐吧！

※使用燜燒罐烹調時，選擇可生吃的食材並避開生肉、菇類等食物。

鮪魚青花咖哩味噌湯

材料（1人份）

鮪魚水煮罐頭 ⋯⋯ 1/2罐
青花菜 ⋯⋯ 50g
洋蔥 ⋯⋯ 30g
糯麥（大麥） ⋯⋯ 1大匙
A | 咖哩粉 ⋯⋯ 1/3小匙
  | 味噌 ⋯⋯ 1/2大匙

準備

- 青花菜用剪刀或刀子切小朵，去除硬皮。
- 洋蔥去皮切絲，或是直接購買處理好的免切洗蔬菜。

料理步驟

1. 將青花菜、洋蔥、糯麥放進燜燒罐，並注入沸水至蓋過食材後，靜置2分鐘。
2. 瀝掉燜燒罐中的開水，加入鮪魚、A後注入200ml滾水，蓋上瓶蓋燜3～4小時即完成。享用前可依喜好加入香菜提味。

料理時間
6分鐘

POINT

比起油漬鮪魚，使用水煮罐頭可大幅減少熱量，也能煮出更加清爽的鮪魚湯頭。

善用料理剪刀備料，省力又方便。
也很推薦購買免切洗蔬菜，
輕鬆省略洗菜和切菜的步驟！

1人份
醣類12.0g
108kcal

香腸紅蘿蔔清燉高湯

料理時間
6分鐘

材料（1人份）

維也納香腸 …… 3條
紅蘿蔔 …… 50g
玉米粒 …… 40g

A
- 高湯粉 …… 1/4小匙
- 鹽 …… 1/5小匙
- 胡椒粉 …… 少許

準備

● 紅蘿蔔用削皮器削薄片。

料理步驟

1. 將維也納香腸、紅蘿蔔、玉米粒放入燜燒罐，注入沸水蓋過食材，靜置2分鐘。
2. 瀝掉熱水後，加入**A**，再注入200ml滾水，蓋上瓶蓋燜3～4小時即完成，可依喜好加入香菜。

瀝掉熱水！

POINT

用削皮器將紅蘿蔔削成薄片，不僅相當省力，削出來的厚薄度也很剛好，使用燜燒罐也能輕易熟透。

薄片紅蘿蔔完全不用怕生味，
搭配Q彈可口的香腸，
口感豐富又具飽足感！

1人份
醣類10.8g
244kcal

鮭魚西芹檸檬湯

料理時間
8分鐘

材料（1人份）

鮭魚水煮罐頭 …… 1罐
西洋芹 …… 1/2根
番茄乾 …… 2個
A｜檸檬汁 …… 1小匙
　高湯粉 …… 1/4小匙
　鹽 …… 1/6小匙
　胡椒粉 …… 少許

準備

- 瀝掉鮭魚罐頭的湯汁。
- 西洋芹去粗絲，用料理剪刀剪成適口大小。
- 番茄乾用料理剪刀剪成細條狀。

料理步驟

1. 將西洋芹、番茄乾放入燜燒罐，注入滾水蓋過食材並靜置2分鐘。
2. 瀝掉熱水後加入鮭魚和A，再注入200ml滾水，蓋上瓶蓋燜3～4小時即完成。

POINT

將番茄乾剪成細條狀，是為了讓番茄的風味更能在燜燒的過程獲得完全地釋放。

番茄乾很適合燜燒的烹調方式，
再搭配一片檸檬提升清爽的滋味就更棒了。

1人份
醣類 8.3g
205kcal

雞肉黃豆芽酸辣湯

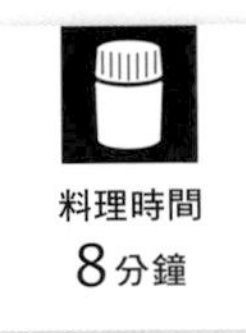

材料（1人份）

即食雞胸肉 …… 1/2片
黃豆芽 …… 80g
大蔥 …… 1/4根

A
- 豆瓣醬 …… 1/4小匙
- 醬油 …… 2小匙
- 醋 …… 1/2大匙
- 芝麻油 …… 1/2小匙

準備

- 將雞胸肉撕成適口大小的長條狀。
- 黃豆芽去除鬚根。
- 用料理剪刀將大蔥剪成適口長度。

料理步驟

1 將黃豆芽和大蔥放進燜燒罐，注入滾水蓋過食材，靜置2分鐘。

2 瀝掉熱水後放入雞胸肉和**A**，注入200ml的滾水，蓋上瓶蓋燜3～4小時即完成。享用前可以依個人喜好添加辣油提味。

POINT

十分推薦活用省力又好上手的料理剪刀來剪切食材，能讓料理過程變得輕便許多。另外，蔥段在燜煮後會慢慢變軟，即使長度稍微長一點也OK。

黃豆芽和即食雞胸肉都是低醣食材，好吃零負擔！
同時，雞肉也是讓湯頭更加鮮美的提味好幫手。

1 人份
醣類 2.6g
130kcal

柚子胡椒蟹肉冬粉湯

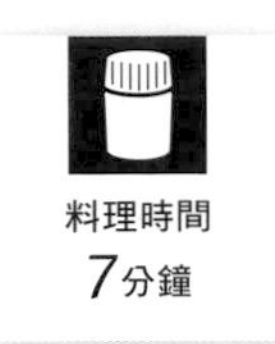

材料（1人份）

蟹肉棒 …… 3條
冬粉 …… 5g
白菜 …… 1片
柚子胡椒、鹽 …… 少許
鹽昆布 …… 3小撮

準備

- 用料理剪刀將冬粉剪成6～7cm的長度。
- 用料理剪刀將白菜剪成適口大小。

料理步驟

1 將冬粉和白菜放進燜燒罐，注入滾水蓋過食材，靜置2分鐘。

2 瀝掉熱水後放入蟹肉棒、柚子胡椒、鹽並注入200ml滾水，再加入鹽昆布，最後蓋上瓶蓋燜3～4小時即完成。

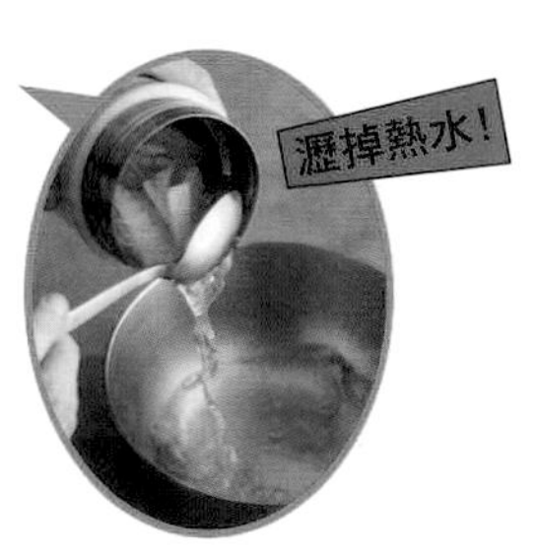

POINT

放入味美可口的鹽昆布，讓它在燜燒過程中慢慢釋放出鮮甜爽口的滋味，懶人也能煮出好湯頭。

用柚子胡椒和鹽昆布調味，
煮出美味十足的湯頭，
豐富的配料讓飽足感滿分！

1人份
醣類 9.6g
63kcal

魚肉香腸蘿蔔湯

料理時間
8分鐘

材料（1人份）

魚肉香腸 …… 1/2條
蘿蔔 …… 80g
生菜 …… 3片
小番茄 …… 3個
A 薑泥 …… 1/2小匙
魚露 …… 1小匙
胡椒粉 …… 少許

準備

- 用料理剪刀將魚肉香腸剪成2cm塊狀。
- 蘿蔔去皮切絲，或是直接購買處理好的免切洗蔬菜。
- 生菜剝成適口大小。
- 小番茄去蒂。

料理步驟

1 將蘿蔔、生菜、小番茄放進燜燒罐，注入滾水蓋過食材，靜置2分鐘。

2 瀝掉熱水後加入魚肉香腸和**A**，注入200ml滾水，蓋上瓶蓋放置燜煮3～4小時即完成。

POINT

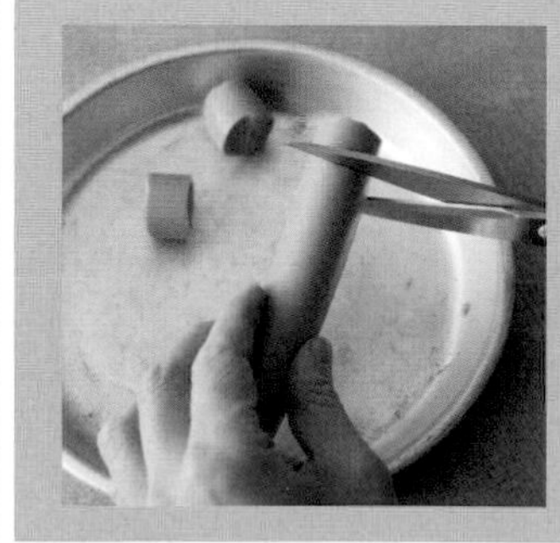

用料理剪刀能輕鬆處理魚肉香腸，低卡又富含蛋白質的絕品食材非常適合減重。

選用容易保存的魚肉香腸和蘿蔔，
輕鬆完成一道風味絕佳的瘦身湯！

1人份
醣類 9.4g
92kcal

搭配組合超豐富！

7種風味湯底&食材變化

即使基本湯底相同，也可依家中現有食材自由變化！以肉類或魚類等蛋白質搭配蔬菜，即可完成營養均衡的湯品。來看看有哪7種湯底可以運用，以及推薦的食材組合吧！

湯底 1

清燉

高湯

法式香腸清湯

1人份
醣類 8.3g
231kcal
料理時間
10分鐘

材料（1人份）

洋蔥 …… 1/4個
高麗菜 …… 1片
維也納香腸 …… 3條
高湯粉 …… 1/4小匙
鹽 …… 1/5小匙
胡椒粉、黑胡椒粉 …… 少許

準備

- 洋蔥順紋切成一半。
- 高麗菜切成適口大小。
- 將滾水注入燜燒罐中，預熱2～3分鐘。

清燉高湯 相同風味湯底的推薦食材組合

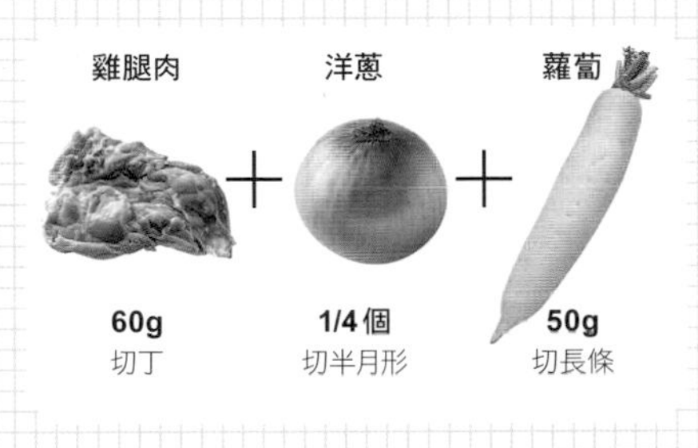

雞腿肉	洋蔥	蘿蔔
60g	1/4個	50g
切丁	切半月形	切長條

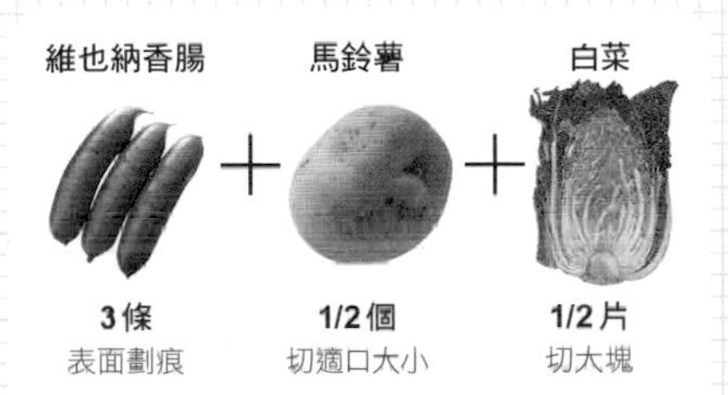

維也納香腸	馬鈴薯	白菜
3條	1/2個	1/2片
表面劃痕	切適口大小	切大塊

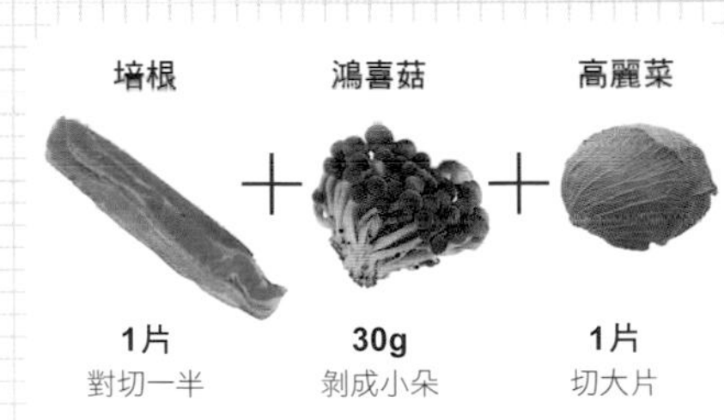

培根	鴻喜菇	高麗菜
1片	30g	1片
對切一半	剝成小朵	切大片

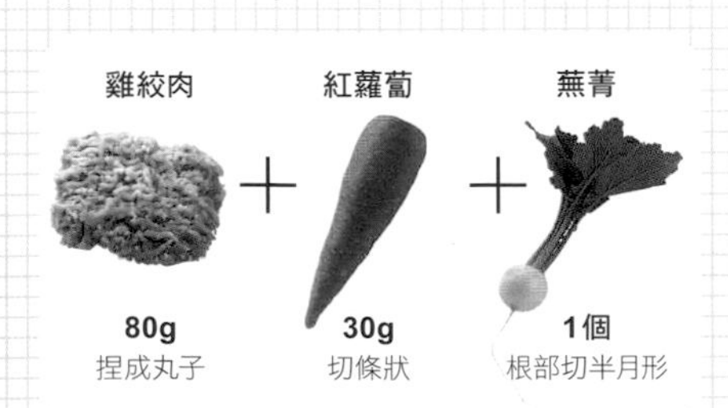

雞絞肉	紅蘿蔔	蕪菁
80g	30g	1個
捏成丸子	切條狀	根部切半月形

用高湯粉調味，簡單又方便。食材切成粗塊可提升口感層次！

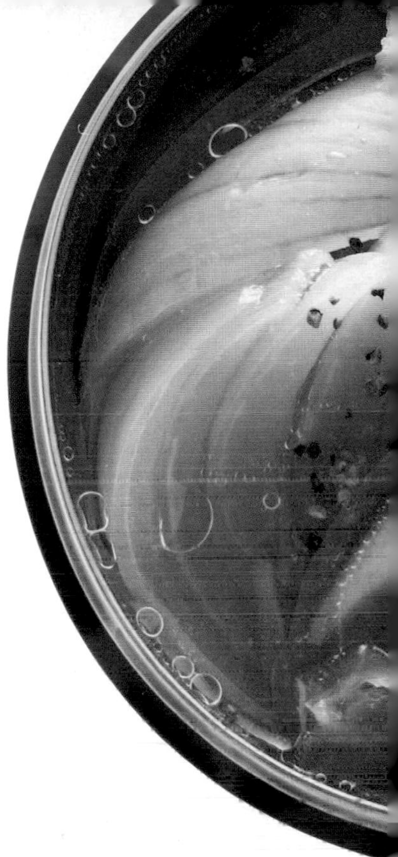

料理步驟

1. 將200ml開水、高湯粉、洋蔥放入湯鍋烹煮。
2. 水滾後放入高麗菜、維也納香腸、鹽、胡椒粉煮滾，再倒入預熱後的燜燒罐。可依個人喜好酌量撒粗黑胡椒粉提味。

POINT

蔬菜直接切成大塊也OK，在燜燒的過程中食材能完全煮軟！

湯底 2

番茄

高湯

雞肉櫛瓜番茄湯

1人份
醣類 6.2g
161kcal
料理時間
10分鐘

準備

- 雞胸肉切片。
- 櫛瓜切長段。
- 西洋芹去粗絲後切塊。
- 蒜頭切薄片。
- 將滾水注入燜燒罐預熱2～3分鐘。

材料（1人份）

雞胸肉 …… 60g
櫛瓜 …… 1/4條
西洋芹 …… 略少於1/2根
蒜頭 …… 1瓣
A 水 …… 100ml
番茄汁（原味）…… 100ml
高湯粉 …… 1/4小匙
鹽、胡椒粉 …… 少許
橄欖油 …… 1小匙

番茄高湯

相同風味湯底的推薦食材組合

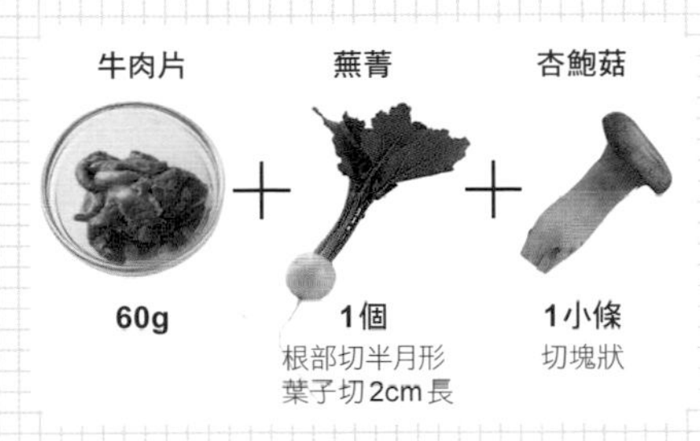

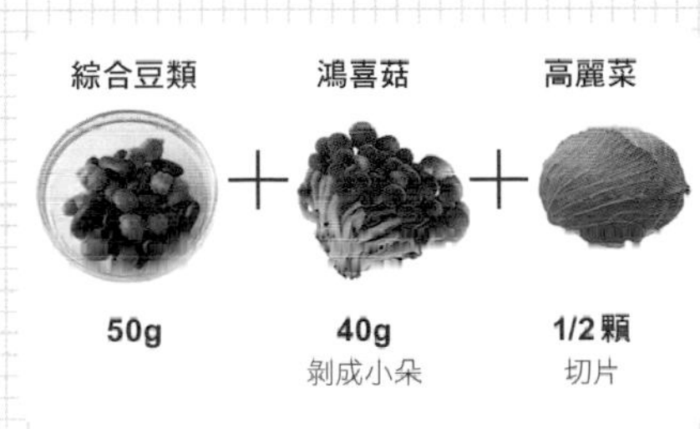

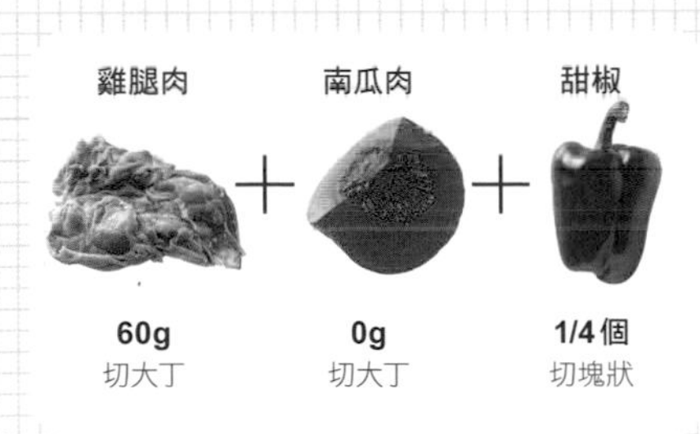

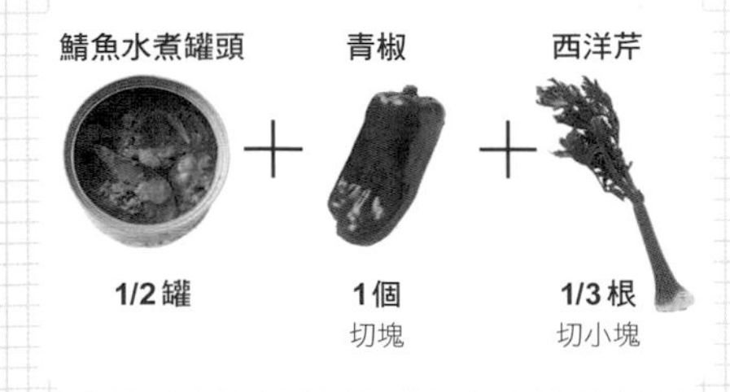

用番茄汁輕鬆煮出鮮美湯底。

撒點乳酪絲可以增添濃郁感！

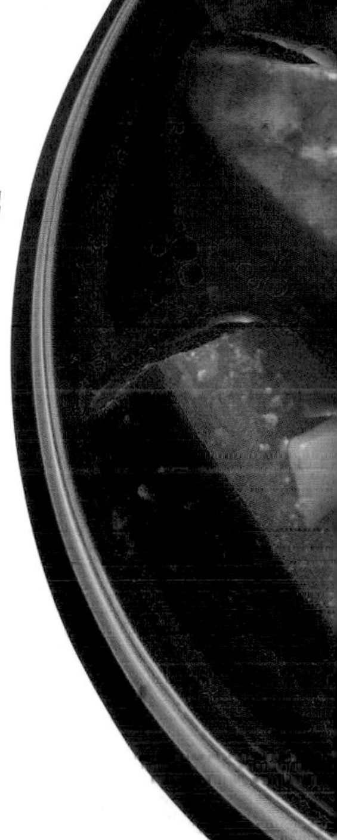

料理步驟

1. 在湯鍋中倒入橄欖油，熱鍋後加入雞胸肉、櫛瓜、西洋芹、蒜片拌炒。
2. 接著加入A，煮滾後不立刻關火，持續滾約1分鐘，再倒入預熱後的燜燒罐即完成。可以視個人喜好撒少許披薩用乳酪絲。

POINT

不容易熟透的雞肉建議斜切成雞肉片，增加剖面面積可以有效縮短煮熟。

湯底 3

奶油

濃湯

扇貝蘆筍南瓜奶油濃湯

1人份
醣類 20.9g
204kcal
料理時間
10分鐘

材料（1人份）

小扇貝（熟凍）…… 5個
綠蘆筍 …… 2條
南瓜肉 …… 80g
高湯粉 …… 1/4小匙
A 牛奶 …… 100ml
鹽 …… 1/6小匙
胡椒粉 …… 少許

準備

- 蘆筍切掉老硬部分，再切成1～1.5cm長段。
- 南瓜切小丁。
- 將滾水注入燜燒罐預熱2～3分鐘。

相同風味湯底的

奶油濃湯 推薦食材組合

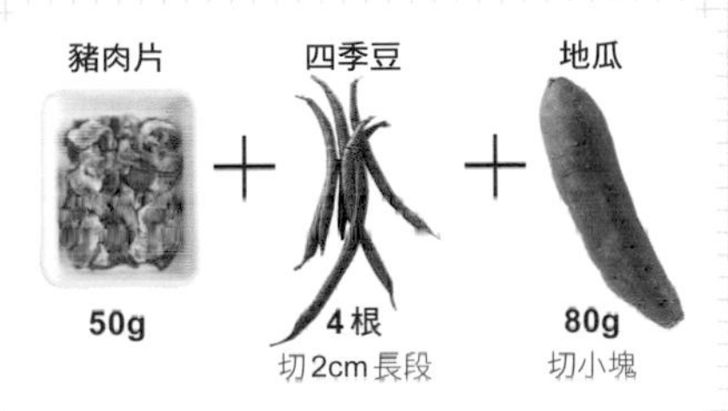

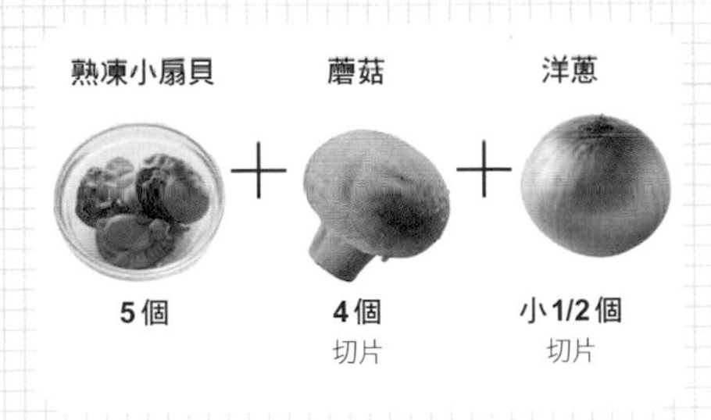

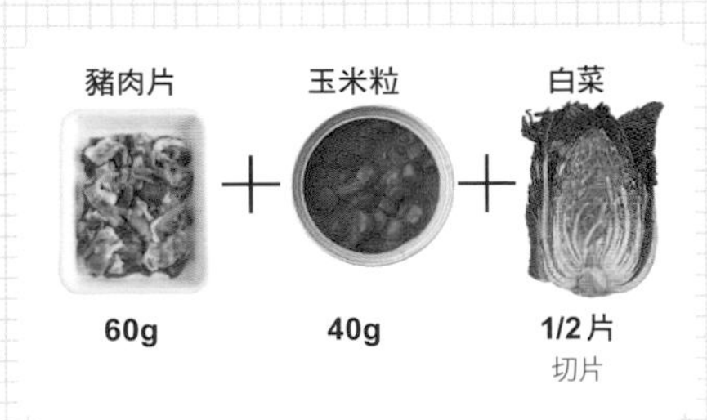

料理步驟

1. 將200ml的水、高湯粉、南瓜放進湯鍋煮。
2. 水滾後加入扇貝、蘆筍和A，再度煮滾後倒入預熱後的燜燒罐裡即完成。

POINT

如果比較喜歡有口感的南瓜，切大塊一點也沒問題，因為燜燒罐可以完全將堅硬的南瓜煮軟。

湯底 4

日式

高湯

豬肉青花菜味噌湯

1人份
醣類 2.6g
224kcal

料理時間
10分鐘

材料（1人份）

豬肉片 …… 50g
青花菜 …… 80g
鵪鶉蛋（水煮）…… 3粒
日式高湯粉 …… 2小撮
味噌 …… 1/2大匙

準備

- 青花菜剝成小朵。
- 將滾水注入燜燒罐預熱2～3分鐘。

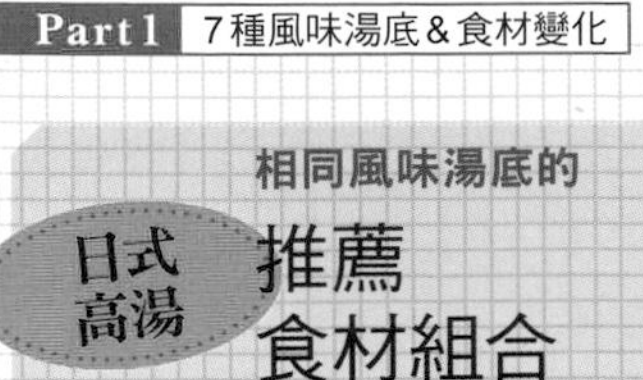

相同風味湯底的 推薦食材組合

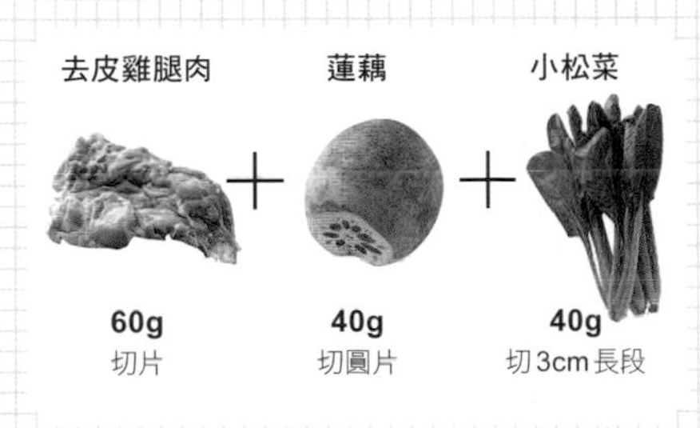

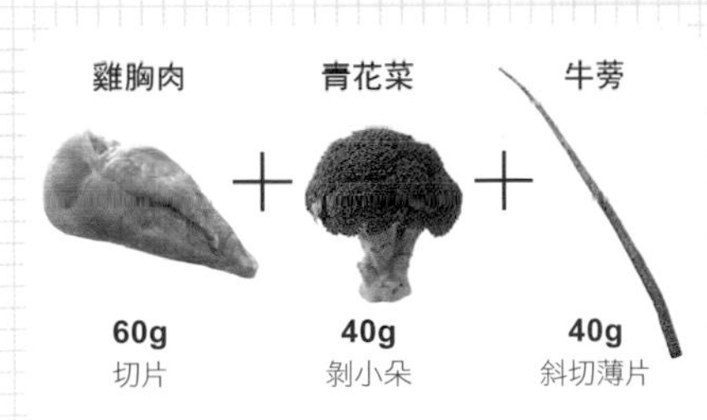

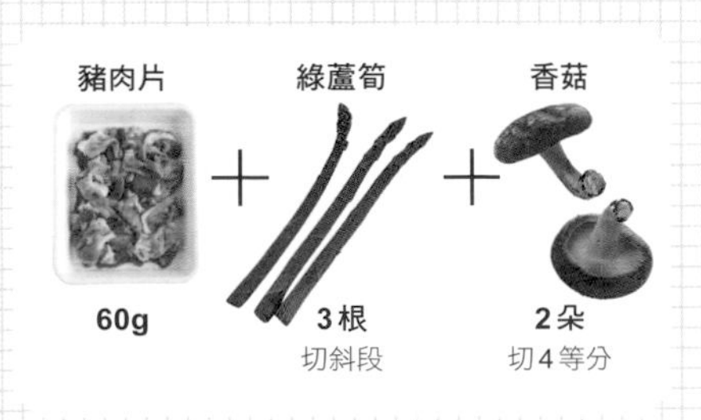

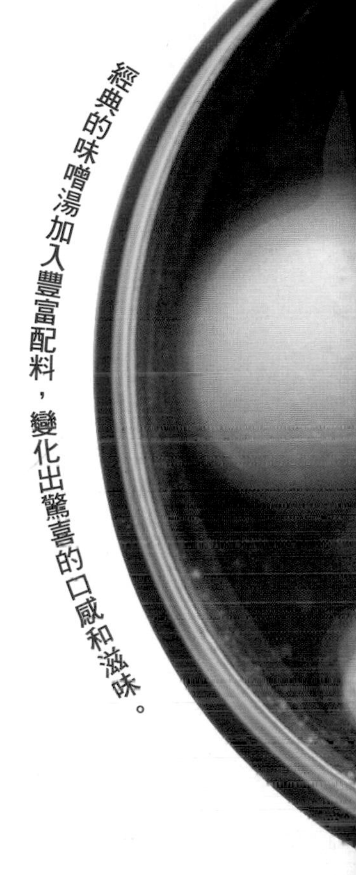

經典的味噌湯加入豐富配料，變化出驚喜的口感和滋味。

料理步驟

1 將200ml的水、高湯粉放進湯鍋，煮滾後加入豬肉片。

2 待肉煮熟後加入已經溶解的味噌，再加入青花菜和鵪鶉蛋，待水滾就可以倒入預熱後的燜燒罐裡。

POINT

希望更有飽足感的時候，很推薦水煮鵪鶉蛋。家中可以常備在冰箱，十分方便。

湯底
5

中式
高湯

豬肉豆苗羹湯

1人份
醣類 5.3g
204kcal
料理時間
10分鐘

準備

- 豆苗切除根部，長度切成4等分。
- 香菇切薄片。
- 將滾水注入燜燒罐預熱2～3分鐘。

材料（1人份）

豬肉片 ⋯⋯ 60g
豆苗 ⋯⋯ 50g
香菇 ⋯⋯ 1朵
A 水 ⋯⋯ 200ml
醬油 ⋯⋯ 1小匙
雞粉 ⋯⋯ 1/4小匙
鹽、胡椒粉 ⋯⋯ 少許
B 太白粉 ⋯⋯ 1/2大匙
水 ⋯⋯ 1大匙
紅辣椒 ⋯⋯ 1/3條
芝麻油、白芝麻 ⋯⋯ 1/4小匙

中式高湯 相同風味湯底的推薦食材組合

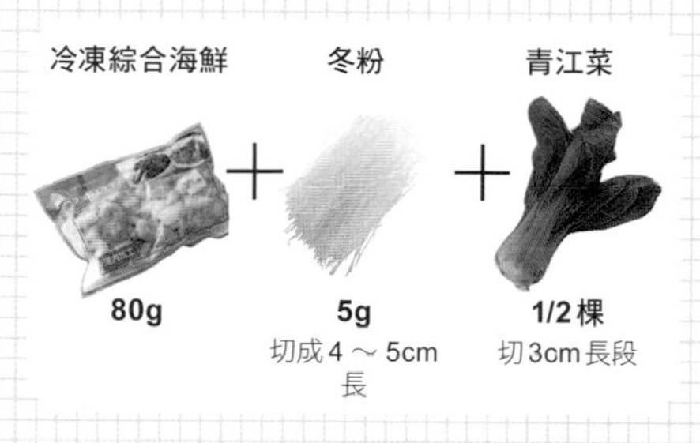

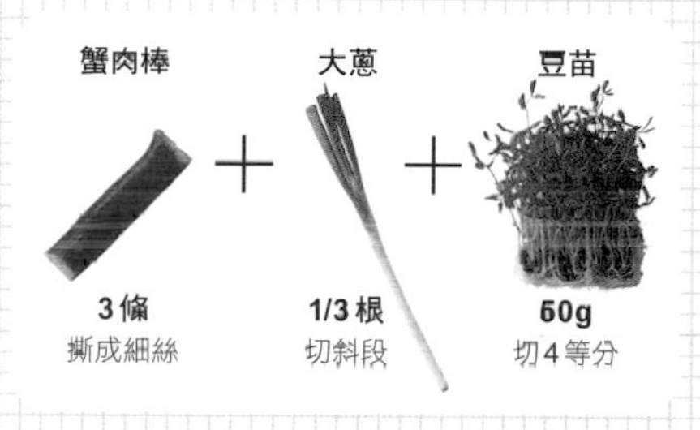

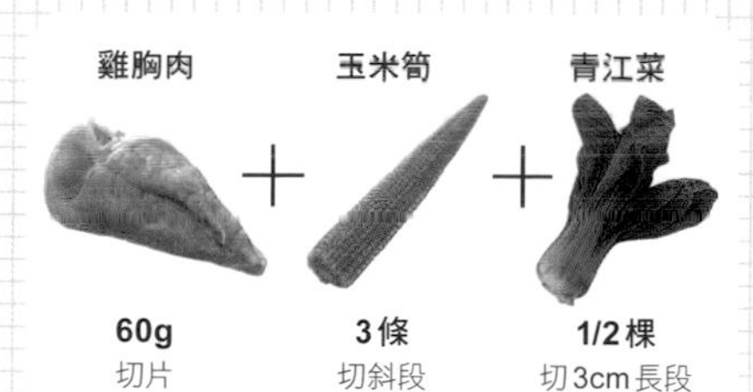

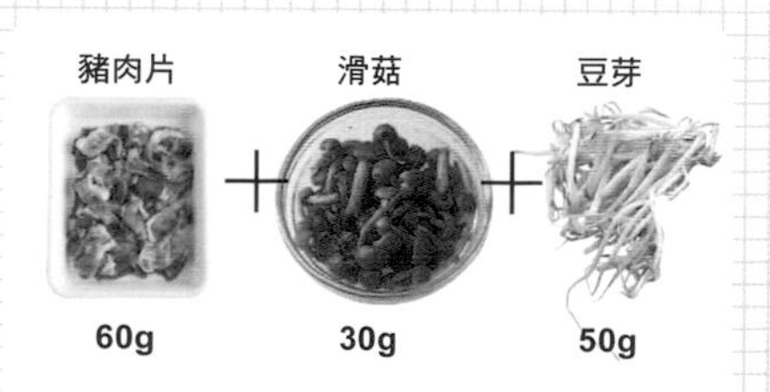

濃郁的羹湯讓身體暖呼呼，
多加一些豆苗可增添飽足感。

料理步驟

1. 將A放入湯鍋煮滾，再加入豬肉片和香菇。
2. 待豬肉片煮熟後，慢慢倒入拌勻的B勾芡，再加入紅辣椒、芝麻油、豆苗煮一下倒入預熱後的燜燒罐即完成。可依個人喜好撒一點白芝麻提味。

POINT

容易煮熟的豆苗要在最後步驟放入，等湯汁咕嚕咕嚕滾動後立刻熄火，並趁熱倒入燜燒罐。

湯底 6

韓式 高湯

牛肉黃豆芽湯

1人份
醣類 4.8g
266kcal
料理時間
10分鐘

材料（1人份）

牛肉片 …… 60g
黃豆芽 …… 80g
海帶芽（乾燥） …… 略多於1小匙
A 水 …… 200ml
醬油 …… 1/2大匙
韓式辣椒醬 …… 1小匙
雞粉 …… 1/4小匙
紅辣椒（切小片） …… 少許
芝麻油、白芝麻 …… 1/2小匙

準備

- 黃豆芽去除鬚根。
- 將滾水注入燜燒罐預熱2～3分鐘。

韓式高湯 相同風味湯底的推薦食材組合

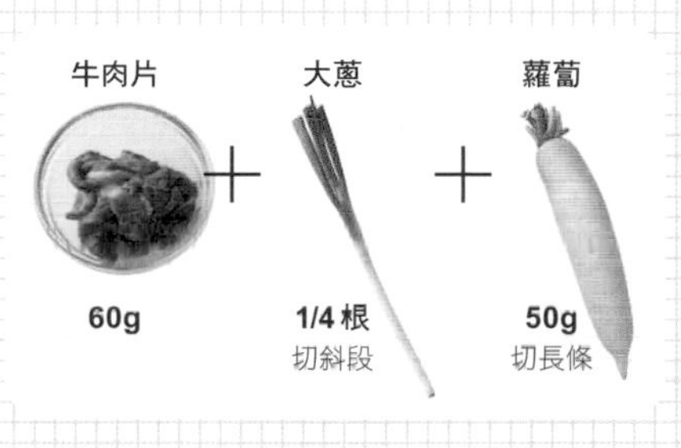

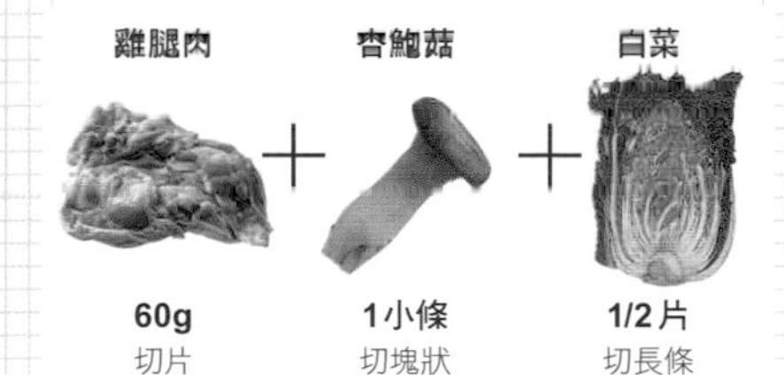

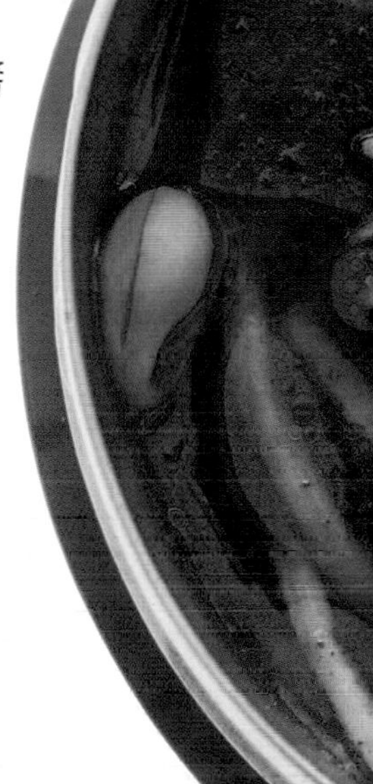

韓式辣椒醬
讓湯品甜中帶辣！

也可以加韓式泡菜
滋味更豐富。

料理步驟

1 將A倒入湯鍋中拌勻加熱，水滾後加入牛肉片。

2 待肉片煮熟後加入黃豆芽、芝麻油，水滾後倒入預熱後的燜燒罐，再放入海帶芽即完成。可依個人喜好撒一點白芝麻提味。

POINT

乾燥海帶芽除了便於保存，入菜也十分簡單！只要在最後步驟放入燜燒罐就可以了，簡單就能讓湯品充滿鮮味。

湯底 7

東南亞 高湯

鮮蝦秋葵白菜湯

1人份
醣類 2.8g
77kcal
料理時間
10分鐘

準備

- 秋葵去蒂切斜段。
- 白菜切長片狀。
- 薑片切絲。
- 將滾水注入燜燒罐預熱2～3分鐘。

材料（1人份）

蝦仁 …… 60g
秋葵 …… 3根
白菜 …… 1/2片
薑片 …… 1片
A | 水 …… 200ml
　| 雞粉 …… 1/2小匙
　| 酒 …… 1小匙
魚露 …… 1小匙
胡椒粉 …… 少許

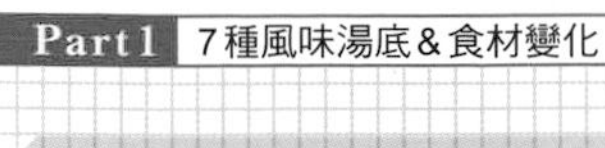

海鮮高湯

相同風味湯底的

推薦食材組合

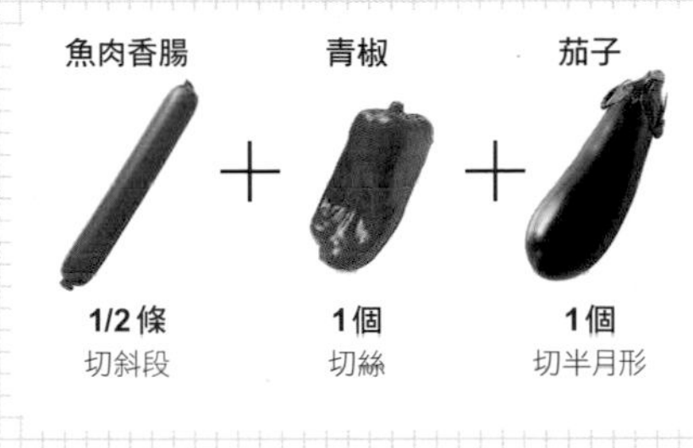

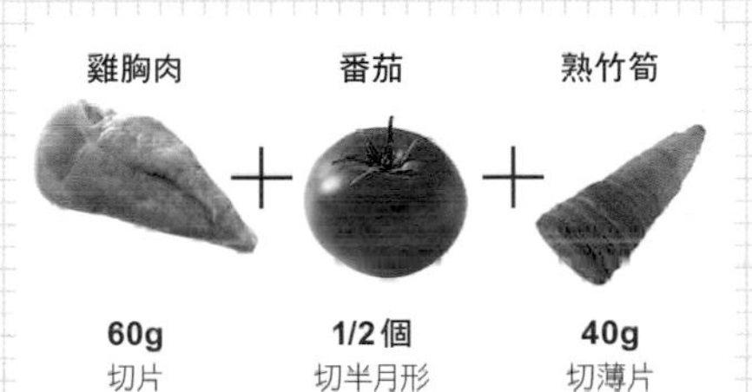

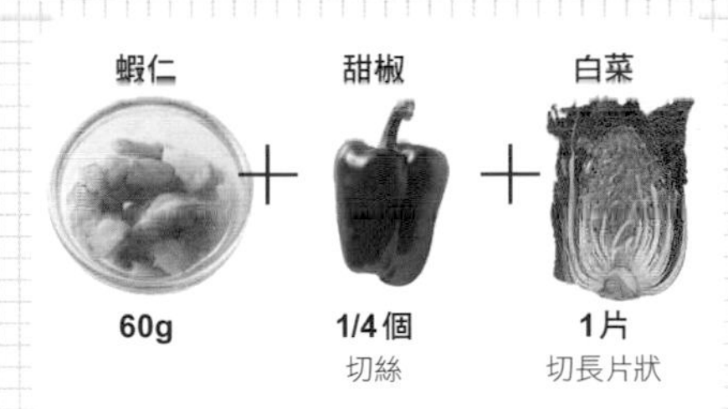

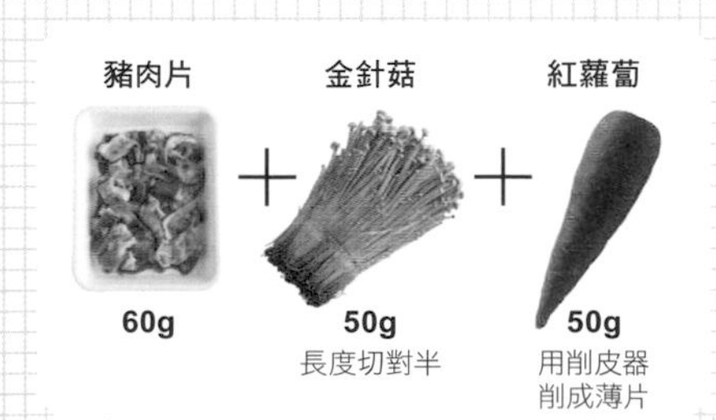

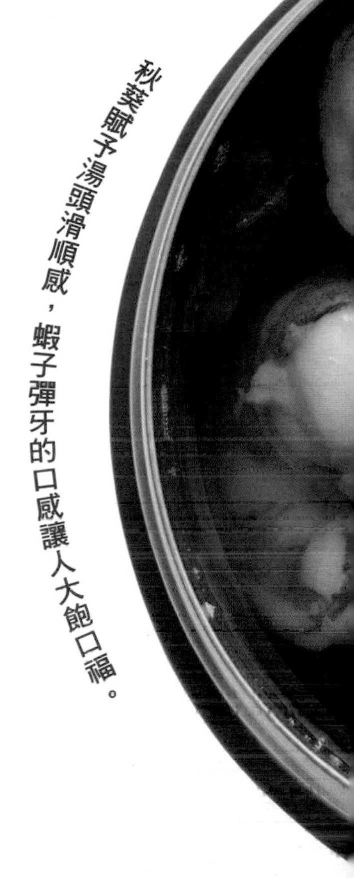

秋葵賦予湯頭滑順感，蝦子彈牙的口感讓人大飽口福。

料理步驟

1 將**A**、白菜、薑一同放進湯鍋煮滾，加入蝦仁、魚露、胡椒粉。

2 待水滾後加入秋葵煮一下，倒入預熱後的燜燒罐即完成。

POINT

容易煮熟的秋葵最後再加，等湯汁咕嚕咕嚕滾動後即刻熄火，趁熱倒入燜燒罐即可。

聰明提升飽足感！

超商食材

「一碗湯吃不飽」的時候，
就利用便利超商的即食商品增加分量。
在選購時留意醣量和熱量，就不怕吃錯。

蟹肉棒

比以往分量更升級的「蟹肉棒」上市了。口感絕佳，蛋白質也很豐富。

五穀飯糰

比起白米飯，口感Q彈的五穀飯更有飽足感，且含豐富的膳食纖維，可延緩糖類的吸收速度。

魚肉香腸

熱量約為維也納香腸的一半！只要單手拿取就OK，方便進食。

優格

可調整腸道環境，也有預防便秘效果。建議選擇低脂款，熱量才不會過多。

即食雞胸肉

可當作湯品的配料，是減醣飲食的經典商品，種類豐富、調味多樣。

蛋

便利商店的茶葉蛋、糖心蛋等，都是優秀的低醣食材！加入湯品中享用也很美味。

起司

起司是「低醣X高蛋白」的優良食材，撒在湯品上，可提升濃郁口感。

Part 2

輕鬆縮時！零負擔瘦身湯

可以冷藏冷凍
也很適合用來做
燜燒罐湯便當

不開火、免湯鍋！

微波就OK
的瘦身湯

▸▸ p.56

醣量皆低於15g！

不同食材
的減醣瘦身湯

▸▸ p.72

料理／
岩崎 P56.58.59.61.62.63.72.80.81.82.84.85.86.87.96.99.102.104.105
Danno P60 市瀨 P64.66.67.68.70.71.98 檢見崎 P74
牧野 P75.76.79.83.89.93.97.103.107.109 堤 P77 瀨尾 P78
上島 P88.100 夏梅 P90 牛尾 P91.92.94.101 上村 P95
脇 P106 大庭 P108

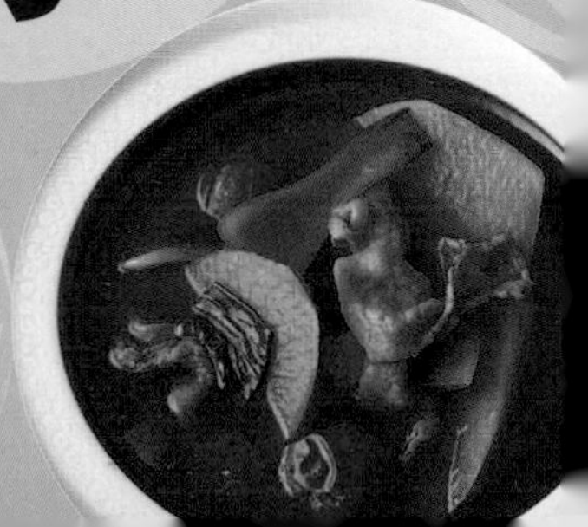

不開火、
免湯鍋！

微波就OK的瘦身湯

只要將材料備好就可以交給微波爐了。
即使是疲憊的夜裡或忙碌的早晨也不會造成負擔，
還能一次同時完成晚餐和隔天的便當！

香腸白菜湯

料理時間
7分鐘

1人份
醣類2.0g
76kcal

材料（2人份）

維也納香腸……2條
白菜……1片
A 水……400ml
　高湯粉……1/4小匙
　醬油……1小匙
辣油……少許

準備

- 香腸切斜片。
- 白菜切成3～4cm片狀。

料理步驟

1 把香腸和白菜疊放在耐熱容器裡，加入拌勻的**A**。

2 覆蓋保鮮膜後放進微波爐（600W）加熱7分鐘即完成。

馬上享用
靜置2分鐘左右稍微燜蒸後盛碗，滴一點辣油提味。

常備保存
放置室溫待湯冷卻，再盛裝至容器保存。
享用前取出加熱，再滴一點辣油提味。
冷藏 2～3日　冷凍 3～4週

製作燜燒罐湯便當

將滾水注入燜燒罐預熱2～3分鐘。預熱完成倒出，再將加熱冷藏或冷凍的湯品，倒入完成預熱的燜燒罐，滴點辣油提味。

用香腸幫湯頭增添鮮味！
可以加更多低醣的白菜，提升飽足感。

雞柳菠菜薑湯

醣含量不到1克！
菠菜不必汆燙，一起微波就可以！

材料（2人份）

雞里肌條 …… 1條
菠菜 …… 50g
油豆腐 …… 1/2塊
薑片 …… 2片
A | 高湯 …… 400ml
　| 鹽 …… 1/3小匙
　| 醬油 …… 1小匙

準備

- 以逆紋橫切，將雞柳切薄片。
- 菠菜去根切成3cm長段。
- 油豆腐切細長條。
- 薑片切絲。

料理步驟

1. 將菠菜放進耐熱容器，上面鋪油豆腐和薑絲，再平放上雞柳。
2. 加入拌勻的**A**，覆蓋保鮮膜後放進微波爐（600W）加熱7分鐘即完成。

馬上享用
靜置2分鐘左右稍微燜蒸，直接盛碗。

常備保存
放置室溫待湯冷卻，再盛裝至容器保存。
冷藏 2～3日　冷凍 3～4週

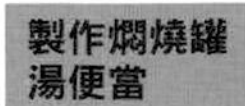

將滾水注入燜燒罐預熱2～3分鐘。預熱完成倒出，再將加熱冷藏或冷凍的湯品，倒入完成預熱的燜燒罐即可。

豆腐擔擔湯

料理時間 6分30秒
1人份
醣類 7.9g
400kcal

材料（1人份）

板豆腐 …… 200g
青江菜 …… 1棵
豬絞肉 …… 50g

A
- 豆瓣醬 …… 1/3小匙
- 蒜泥 …… 少許
- 芝麻油 …… 1小匙

B
- 味噌、醬油 …… 各2小匙
- 高湯粉 …… 1/2小匙
- 白芝麻粉 …… 1大匙
- 水 …… 250ml

辣油 …… 少許

準備

- 豆腐切成適口大小。
- 青江菜切成適口長度。

料理步驟

1. 在耐熱容器裡均勻混合絞肉和**A**，覆蓋保鮮膜後放進微波爐（600W）加熱1分30秒。
2. 加入**B**拌勻後，放入豆腐、青江菜、辣油。覆蓋保鮮膜後放進微波爐（600W）加熱5分鐘即完成。

馬上享用
直接盛碗，視個人喜好滴一點辣油。

常備保存
放置室溫待湯冷卻，再盛裝至容器保存。享用前取出加熱，再滴一點辣油提味。

冷藏 2～3日，不適合冷凍

製作燜燒罐湯便當

將滾水注入燜燒罐預熱2～3分鐘。預熱完成倒出，再將加熱冷藏或冷凍的湯品，倒入完成預熱的燜燒罐即可，可視個人喜好增添辣油。

奶油巧達濃湯

推薦給懶人的蛤蜊罐頭，用法簡單又輕鬆，加熱後美味不減！

料理時間 2分30秒

1人份 醣類4.4g 92kcal

材料（1人份）

水煮蛤蜊罐頭（帶湯汁）⋯⋯1大匙
培根⋯⋯1/2片
小松菜⋯⋯1棵
太白粉⋯⋯1小匙
A 水⋯⋯100ml
豆漿（原味）⋯⋯50ml
鹽⋯⋯少許

準備

- 培根切成1cm片狀。
- 小松菜切成4cm長段。

料理步驟

1. 將培根和小松菜放進耐熱容器，再均匀撒上太白粉。
2. 放入帶點湯汁的蛤蜊和**A**拌匀，覆蓋保鮮膜後放進微波爐（600W）加熱2分30秒即完成。

馬上享用
攪拌均勻後盛碗。

常備保存
放置室溫待湯冷卻，再盛裝至容器保存。
冷藏 2～3日

製作燜燒罐湯便當

將滾水注入燜燒罐預熱2～3分鐘。預熱完成倒出，再將加熱冷藏或冷凍的湯品，倒入完成預熱的燜燒罐即可。

香腸綜合豆湯

只要會按微波爐就OK
輕鬆用一鍵搞定的美味湯品。

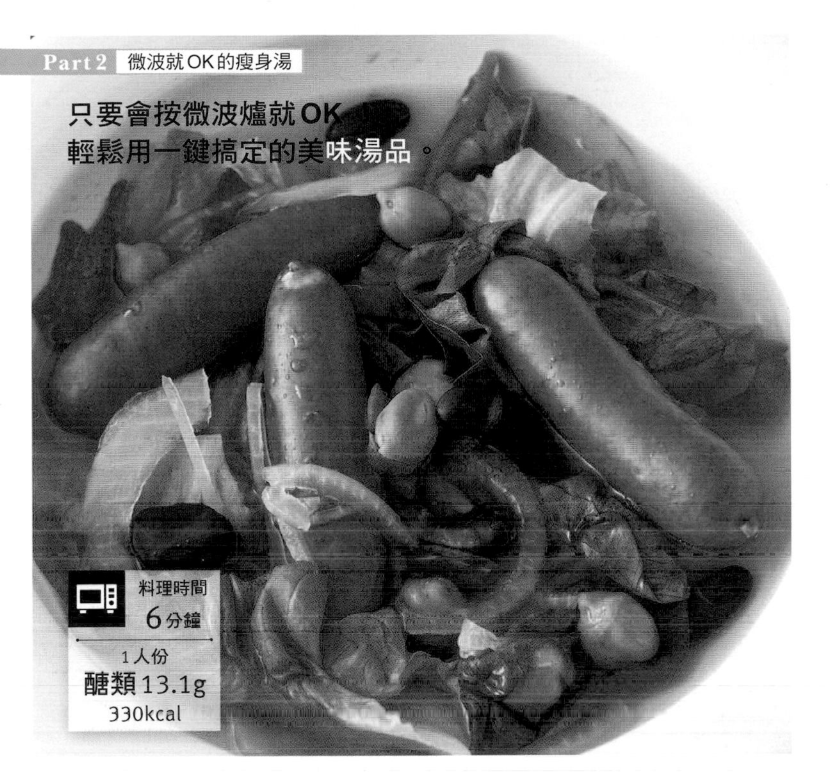

料理時間 6分鐘
1人份
醣類13.1g
330kcal

材料（1人份）

維也納香腸……3條
綜合豆類（即時包裝）
……1袋（50g）
洋蔥……40g
A 高湯塊……1/4個
水……150ml
鹽、胡椒粉……少許
生菜……4片

準備

- 用叉子將香腸戳幾個小孔。
- 洋蔥去皮切絲，或是直接購買處理好的免切洗蔬菜。

料理步驟

1 將香腸、綜合豆類、洋蔥、A放進耐熱容器拌勻。

2 覆蓋保鮮膜後放進微波爐（600W）加熱約4分鐘。稍微掀開保鮮膜，加入撕碎的生菜再蓋回保鮮膜燜蒸約2分鐘即完成。

馬上享用
直接盛碗即可。

常備保存
放置室溫冷卻，再盛裝至容器保存。
冷藏 2～3日　冷凍 3～4週

製作燜燒罐湯便當

將滾水注入燜燒罐預熱2～3分鐘。預熱完成倒出，再將加熱冷藏或冷凍的湯品，倒入完成預熱的燜燒罐即可。

鹽漬鮭魚豆芽香蔥湯

料理時間 7分30秒

1人份
醣類 1.5g
90kcal

材料（2人份）

鹽漬鮭魚 …… 1塊
豆芽 …… 100g
蔥 …… 10cm
芝麻油 …… 1小匙
A | 水 …… 400ml
高湯粉 …… 1/2小匙
鹽 …… 1/6小匙
胡椒粉 …… 少許

準備

- 鹽漬鮭魚切成適口大小。
- 蔥切成蔥末。

料理步驟

1. 將鹽漬鮭魚、豆芽、蔥、芝麻油放進耐熱容器拌勻。
2. 加入A後覆蓋保鮮膜，放進微波爐（600W）加熱7分30秒即完成。

馬上享用
靜置2分鐘燜蒸，即可盛碗。

常備保存
放置室溫待冷卻，再盛裝至容器保存。
冷藏 2～3日，不適合冷凍

製作燜燒罐湯便當

將滾水注入燜燒罐預熱2～3分鐘。預熱完成倒出，再將加熱冷藏或冷凍的湯品，倒入完成預熱的燜燒罐即可。

蝦子高麗菜番茄湯

料理時間 7分鐘

1人份
醣類 2.8g
70kcal

材料（2人份）

蝦子 …… 6隻
高麗菜 …… 1片
A
- 水 …… 300ml
- 番茄汁 …… 100ml
- 橄欖油 …… 1小匙
- 鹽、胡椒粉 …… 少許

準備

- 蝦子剝殼、去泥腸。
- 高麗菜切成2～3cm片狀。

料理步驟

1 依序將蝦子、高麗菜放進耐熱容器，加入拌勻的A。

2 覆蓋保鮮膜後放進微波爐（600W）加熱7分鐘即完成。

馬上享用
靜置2分鐘燜蒸，即可盛碗。

常備保存
放置室溫待冷卻，再盛裝至容器保存。

冷藏 2～3日　冷凍 3～4週

製作燜燒罐湯便當

將滾水注入燜燒罐預熱2～3分鐘。預熱完成倒出，再將加熱冷藏或冷凍的湯品，倒入完成預熱的燜燒罐即可。

常備湯底&變化應用

預調備用真方便！

常備的預調湯品足足有4人份，直接享用很美味，稍微做組合變化，也能品嚐到不同的風味！將預調湯品保存備用，不論作為加班晚歸的快速晚餐，還是早晨迅速搞定的燜燒罐便當，都很方便。

預調湯品

絞肉西芹湯

材料（4人份）

豬絞肉 …… 200g
西洋芹 …… 2小根（160g）
A 西芹葉 …… 20g
　水 …… 1L
　料理酒 …… 2大匙
　鹽 …… 1/2小匙
沙拉油 …… 1/2大匙

準備

- 西洋芹切成1cm小丁。

料理步驟

1. 將沙拉油淋入湯鍋加熱，加入豬絞肉一面鬆開一面拌炒，豬肉漸熟後，加入西洋芹和**A**攪拌。
2. 水滾後，轉弱中火，繼續煮約10分鐘，再瀝掉西芹葉。

馬上享用
直接盛碗即可。

常備保存
放置室溫待湯冷卻，再盛裝至容器保存。

冷藏 約4日　**冷凍** 3週

製作燜燒罐湯便當

將滾水注入燜燒罐預熱2～3分鐘。預熱完成倒出，再將加熱冷藏或冷凍的湯品，倒入完成預熱的燜燒罐即可。

滿滿豬肉與蔬菜香氣的營養高湯！
1人份
醣類 0.9g
140kcal
料理時間
20分鐘

絞肉西芹味噌湯

味噌加水拌開後放入，一秒變日式風味

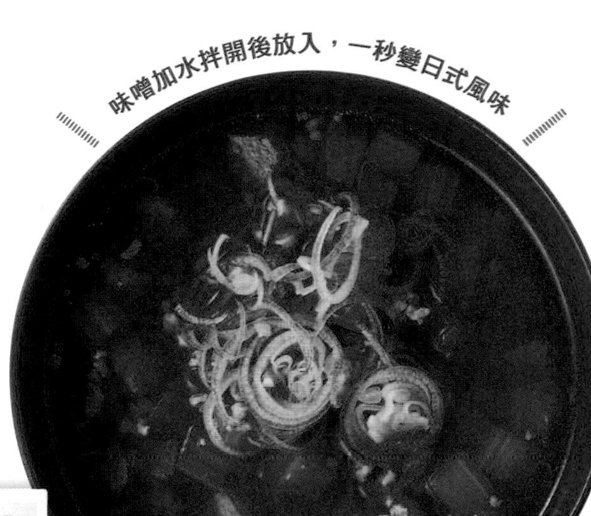

ARRANGE

絞肉西芹湯（p.64）

材料（2人份）

絞肉西芹湯 ----- 一半（2人份）
蘘荷 ----- 1個
味噌 ----- 1又1/2大匙

1人份
醣類3.3g
166kcal
料理時間
5分鐘

料理步驟

將絞肉西芹湯放進湯鍋煮滾，倒入拌開的味噌攪拌。盛碗後再撒上切成圓薄片的蘘荷即可享用。

製作燜燒罐湯便當

將滾水注入燜燒罐預熱2～3分鐘。倒掉熱水後，倒入完成湯品，再撒上切成圓薄片的蘘荷即可。

的組合搭配2

絞肉大豆咖哩湯

搭配大豆同時提升口感和飽足感

絞肉西芹湯（p.64）

材料（2人份）

絞肉西芹湯 …… 一半（2人份）
水煮大豆罐頭 …… 1罐（120g）
A 咖哩粉 …… 1小匙
　鹽、胡椒粉 …… 少許
起司粉 …… 適量

1人份
醣類 1.8g
230kcal
料理時間
5分鐘

料理步驟

將絞肉西芹湯、瀝掉湯汁的大豆、**A**一起放進湯鍋煮滾，盛碗後均勻撒起司粉即完成。

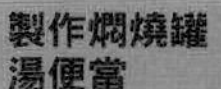

將滾水注入燜燒罐預熱2～3分鐘。倒掉開水後，倒入完成的湯品，再撒上起司粉即可。

預調湯品

雞翅高湯

材料（4人份）

二節雞翅 …… 8隻

A
- 蔥綠 …… 1根
- 薑 …… 3片

B
- 水 …… 1L
- 料理酒 …… 2大匙
- 鹽 …… 1/2小匙

準備

- 在雞翅表面順著骨頭劃2道切口。
- 薑片切絲。

料理步驟

1. 將B倒入湯鍋裡攪拌均勻，再放入雞翅和A，開大火烹煮。
2. 水滾後撈掉浮沫，轉小中小火煮約10分鐘左右，拿掉蔥綠即完成。

馬上享用

直接盛碗即可。

常備保存

放置室溫待湯冷卻，再盛裝至容器保存。

冷藏 約4日　冷凍 3週

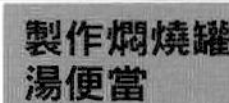

將滾水注入燜燒罐預熱2～3分鐘。預熱完成倒出，再將加熱冷藏或冷凍的湯品，倒入完成預熱的燜燒罐即可。可以事先去除雞骨頭，吃起來更方便。

使用帶骨雞肉熬煮高湯，清爽又美味！
1人份
醣類 0.5g
95kcal
料理時間
15分鐘

雞肉蛋花酸辣湯

雞翅高湯（p.68）

材料（2人份）

雞翅高湯 …… 一半（2人份）
雞蛋（蛋液） …… 1個
A | 醋、醬油 …… 各1大匙
辣油 …… 1/2小匙
胡椒粉、芝麻油 …… 少許
粗黑胡椒 …… 少許

1人份
醣類1.7g
158kcal
料理時間
10分鐘

料理步驟

將雞翅高湯的雞翅去骨後，隨意剁小塊，和雞翅高湯一起放進湯鍋，加入A烹煮。水滾後慢慢倒入打勻的蛋液，等蛋花膨脹後略微攪拌，盛碗再撒一些粗黑胡椒即完成。

製作燜燒罐湯便當

將滾水注入燜燒罐預熱2～3分鐘。倒掉開水後，倒入完成的湯品再撒上粗黑胡椒即可。

東南亞雞翅湯

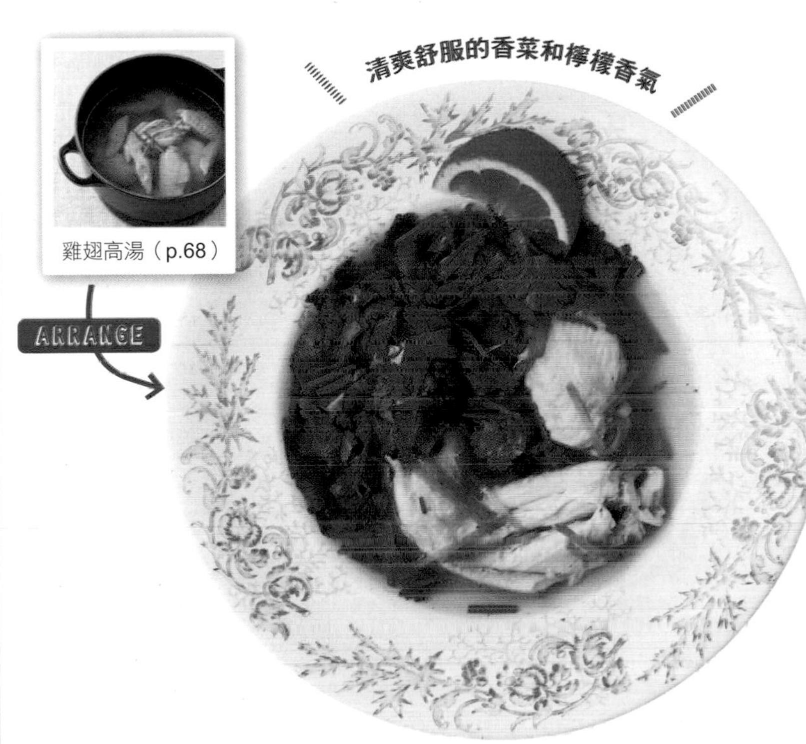

雞翅高湯（p.68）

1人份
醣類1.2g
102kcal
料理時間
5分鐘

材料（2人份）

雞翅高湯 …… 一半（2人份）

A | 魚露 …… 1大匙
　| 鹽、胡椒粉 …… 少許

香菜（切段）…… 1/2把

檸檬（切半月形、細絲）…… 2片

料理步驟

將雞翅高湯和A放進湯鍋煮滾，盛碗後放入香菜和檸檬片、檸檬絲即完成。

製作燜燒罐湯便當

將滾水注入燜燒罐預熱2～3分鐘。倒掉開水後，倒入完成的湯品再撒上香菜段，直接擠入檸檬汁，或是享用時再搭配檸檬片皆可。

醣量皆低於
15g！

不同食材的減醣瘦身湯

這章將按食材分類，介紹減醣效果奇佳的湯品。
高蛋白質的魚肉豆腐搭配多元蔬菜，營養均衡豐富，即便低醣，仍不減飽足感！
同時提供製作後的保存法，運用在隔天帶出門的燜燒罐湯便當也OK。

減醣食材❶ 豬肉

材料（4人份）

豬肉片 …… 400g
白蘿蔔 …… 300g
韭菜 …… 1把
高湯 …… 1L
A | 鹽 …… 1/4小匙
  | 胡椒粉 …… 少許
  | 太白粉 …… 2小匙
鹽 …… 3/4小匙
醬油 …… 1又1/2小匙
白芝麻粉 …… 1大匙

準備

- 白蘿蔔切成細長條。
- 韭菜切成4cm長段。

料理步驟

1. 將豬肉片和**A**混合，均勻揉捏，並用大片的肉包覆小片的肉做成16等分的肉丸子。
2. 將高湯、蘿蔔放進湯鍋烹煮，水滾後轉小火煮5分鐘，稍微增強火候放入**1**。
3. 加入鹽和醬油後蓋上鍋蓋，轉小火煮10分鐘左右。最後放入韭菜和白芝麻粉略煮即可。

馬上享用
煮滾後熄火，直接盛碗。

常備保存
放置室溫待湯冷卻，再盛裝至容器保存。
冷藏 2～3日　冷凍 3～4週

製作燜燒罐湯便當

將滾水注入燜燒罐預熱2～3分鐘。預熱完成倒出，再將加熱冷藏或冷凍的湯品，倒入完成預熱的燜燒罐即可。

1人份
醣類4.8g
304kcal
料理時間
25分鐘

豬肉丸蘿蔔芝麻湯

鎖在肉丸裡的肉汁，
整體口感軟嫩又juicy。
最後利用低醣白芝麻來提升風味！

高麗菜多多豬肉湯

豬肉部位不限，挑選喜愛的都OK。
豐富配料能確實填飽肚子！

1人份
醣類 5.0g
197kcal
料理時間
10分鐘

材料（4人份）

豬肉 …… 200g
高麗菜 …… 200g
紅蘿蔔 …… 50g
高湯 …… 700ml
味噌 …… 3大匙
沙拉油 …… 1大匙

準備

- 豬肉切成4～5cm厚的肉片。
- 高麗菜切小片。
- 紅蘿蔔切成薄圓片。

料理步驟

1. 將沙拉油倒入湯鍋熱鍋後用大火炒豬肉。待豬肉顏色改變後，加入高麗菜和紅蘿蔔拌炒。將所有的食材過油後注入高湯。
2. 煮滾後撈掉浮沫，繼續滾2～3分鐘，加入用少許開水拌開的味噌，待湯汁咕嚕咕嚕滾動後立刻熄火。

馬上享用
直接盛碗即可。

常備保存
放置室溫待湯冷卻，再盛裝至容器保存。
冷藏 2～3日　冷凍 3～4週

製作燜燒罐湯便當

將滾水注入燜燒罐預熱2～3分鐘。預熱完成倒出，再將加熱冷藏或冷凍的湯品，倒入完成預熱的燜燒罐即可。

豬肉洋蔥咖哩湯

咖哩風味相當刺激食欲，
加入紅色、綠色等富含維生素的蔬菜，
營養更均衡。

1人份
醣類 13.8g
282kcal
料理時間
20分鐘

材料（2人份）

豬肉片 …… 100g
洋蔥 …… 1個
糯米椒（大）…… 10條
小番茄 …… 5個
薑 …… 2～3片
A 水 …… 500ml
 高湯粉 …… 1小匙
咖哩塊 …… 1小塊
沙拉油 …… 2小匙

準備

- 洋蔥切薄片。
- 糯米椒用竹籤戳幾個小孔。
- 小番茄去蒂、切半。

料理步驟

1. 在湯鍋倒入沙拉油後放入薑片炒，產生香氣後，加入洋蔥炒軟再放進豬肉拌炒。
2. 待豬肉顏色改變，倒入**A**煮滾，撈掉浮沫，加入糯米椒和小番茄後熄火。
3. 加入咖哩塊攪拌溶解，再次開火煮到咖哩完全溶解。

馬上享用
直接盛碗即可。

常備保存
放置室溫待湯冷卻後，再移入容器保存。
冷藏 2～3日　冷凍 3～4週

製作燜燒罐湯便當

將滾水注入燜燒罐預熱2～3分鐘。預熱完成倒出，再將加熱冷藏或冷凍的湯品，倒入完成預熱的燜燒罐即可。

中華豬肉花椰菜湯

蔬菜完美吸收了滿滿的豬肉香氣，一碗食材豐富、風味十足的暖心湯品。

1人份
醣類 11.4g
234kcal
料理時間
20分鐘

材料（2人份）

豬肉片 …… 100g
花椰菜 …… 1/2小顆（150g）
玉米筍 …… 8根（80g）
蠶豆 …… 約25粒（120g）
A 水 …… 600ml
　雞粉 …… 2小匙
鹽、胡椒粉 …… 少許

準備

- 豬肉片切成適口大小。
- 花椰菜去硬皮切小朵。
- 玉米筍切成2cm的斜段。
- 蠶豆用熱水煮軟並剝除薄皮。

料理步驟

1 將A倒入湯鍋煮滾，加入花椰菜、玉米筍煮3～5分鐘。

2 加入豬肉片，待肉色改變後放入蠶豆，並用鹽和胡椒粉調整味道。

馬上享用
直接盛碗即可。

常備保存
放置室溫待湯冷卻，再盛裝至容器保存。
冷藏 2～3日　冷凍 3～4週

製作燜燒罐湯便當

將滾水注入燜燒罐預熱2～3分鐘。預熱完成倒出，再將加熱冷藏或冷凍的湯品，倒入完成預熱的燜燒罐即可。

豬五花辣菇湯

菇類是完美的低醣食材！
豆瓣醬能提升風味層次，辣度請自行斟酌。

1人份
醣類 5.6g
290kcal
料理時間
15分鐘

材料（2人份）

豬五花（薄片）……100g
菇類（香菇、鴻喜菇、舞菇、杏鮑菇等）……共100g
蒜、薑（磨末）……各1/2小匙
雞蛋（蛋液）……1顆
豆瓣醬……1小匙
A｜水……400ml
　｜醬油……2小匙
　｜雞粉……1小匙
醋……1又1/2大匙
B｜太白粉……2小匙
　｜水……4小匙
沙拉油……1小匙

準備

- 豬五花切成5cm小片。
- 香菇切薄片。鴻喜菇、舞菇等剝小朵。杏鮑菇撕小塊。

料理步驟

1 將沙拉油倒入湯鍋，熱鍋後加入蒜末、薑末、豆瓣醬，用小火慢炒出香味。放入豬肉快炒，再加入綜合菇類拌炒。

2 倒入**A**燜煮3～4分鐘，加醋後將火侯調小，再加入混合的**B**，最後淋上蛋液煮到蛋花膨脹鬆軟。

馬上享用
直接盛碗，視喜好添加醋、胡椒粉。

常備保存
放置室溫待湯冷卻，再盛裝至容器保存。
冷藏 2～3日

製作燜燒罐湯便當
將滾水注入燜燒罐預熱2～3分鐘。預熱完成倒出，再將加熱冷藏或冷凍的湯品，倒入完成預熱的燜燒罐即可。

發揮醋提振代謝的功用，
也可視個人喜好添加辣油。

清爽酸辣湯

1人份
醣類 5.6g
215kcal
料理時間
20分鐘

材料（4人份）

A
- 豬肉片 …… 150g
- 白菜 …… 2片
- 紅蘿蔔 …… 1/2根
- 蔥 …… 1根
- 香菇 …… 2朵
- 豆腐 …… 1/2塊

雞蛋 …… 2個
雞粉 …… 2小匙
鹽 …… 1小匙
醬油 …… 2小匙
醋 …… 2大匙
粗黑胡椒粉 …… 適量
芝麻油 …… 1大匙

準備

- 豬肉、白菜、紅蘿蔔切成1.5cm寬長條。豆腐切小塊。
- 蔥斜切薄片、香菇切薄片。

料理步驟

1 將1.2L的水、雞粉、A一起放進湯過裡烹煮7分鐘左右，撈起浮沫。

2 待食材煮熟後，加入鹽和醬油調味，慢慢淋蛋液入鍋，再添加醋、芝麻油。

馬上享用
盛碗後按需求添加黑胡椒粉，即可享用。喜歡酸一點可以多加醋。

常備保存
放置室溫待湯冷卻，再盛裝至容器保存。
冷藏 2～3日，不適合冷凍

製作燜燒罐湯便當

將滾水注入燜燒罐預熱2～3分鐘。預熱完成倒出，再將加熱要享用的湯品，按需求添加黑胡椒粉和醋，倒入預熱完成的燜燒罐中。

肉丸香蔥湯

煸炒過的蔥香氣更明顯，
加入大量的蔥，身體變得暖呼呼。

1人份
醣類7.2g
229kcal
料理時間
25分鐘

材料（2人份）

豬絞肉 …… 100g
蔥 …… 2根（100g）
白菜 …… 1片（100g）
菠菜 …… 1/4小把（50g）
A 薑汁、醬油、太白粉 …… 各1小匙
B 水 …… 600ml
雞粉 …… 2小匙
鹽、胡椒粉 …… 少許
芝麻油 …… 1大匙
辣油 …… 適量

準備

- 蔥切斜段。
- 白菜切成長條。
- 菠菜汆燙後泡冷水冷卻，瀝乾並切成3cm長段。

料理步驟

1. 將豬絞肉、**A**一起放進大碗裡拌勻。
2. 將芝麻油倒入湯鍋，熱鍋後下蔥段煸炒到上色後加入**B**煮到水滾。加入白菜繼續煮2～3分鐘。
3. 待白菜煮軟後，將**1**揉成小肉丸入鍋。待肉丸煮熟浮到表面，再加入菠菜，並用鹽和胡椒粉調味。

馬上享用
直接盛碗，淋上辣油即完成。

常備保存
放置室溫待湯冷卻，再盛裝至容器保存。
冷藏 2～3日，不適合冷凍

製作燜燒罐湯料理

將滾水注入燜燒罐預熱2～3分鐘。預熱完成倒出，再將加熱冷藏或冷凍的湯品，倒入完成預熱的燜燒罐，享用前再淋上辣油。

絞肉蔬菜羹湯

冰箱裡剩餘的少量蔬菜和絞肉，
完全是快速料理的神助手！

1人份
醣類 5.8g
170kcal
料理時間
5分鐘

材料（2人份）

豬絞肉 …… 100g
紅蘿蔔、高麗菜、洋蔥、蔥等蔬菜
…… 各少許（總共約150g）

A 高湯 …… 400ml
醬油 …… 1小匙
鹽 …… 1/4小匙

B 太白粉 …… 2小匙
水 …… 4小匙

芝麻油 …… 1小匙

準備

● 將所有蔬菜切成細絲，也可以直接購買沙拉用的綜合蔬菜絲。

料理步驟

1 將芝麻油倒入湯鍋，熱鍋後加入豬絞肉拌炒。待豬肉顏色改變後，加入蔬菜快炒。

2 倒入**A**煮滾後，加入拌勻的**B**勾芡，稍微烹煮即完成。

馬上享用
直接盛碗即可。

常備保存
放置室溫待湯冷卻，再盛裝至容器保存。
冷藏 2～3日，不適合冷凍

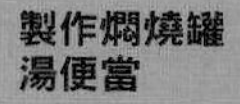

將滾水注入燜燒罐預熱2～3分鐘。預熱完成倒出，再將加熱冷藏或冷凍的湯品，倒入完成預熱的燜燒罐即可。

日式豬肉蘿蔔咖哩湯

充滿豬肉香氣的日式咖哩，
如此豐富的食材，醣量也不到**10g**！

1人份
醣類8.4g
266kcal
料理時間
30分鐘

材料（4人份）

豬五花（薄片）⋯⋯200g
白蘿蔔⋯⋯400g
青江菜⋯⋯1大棵
小番茄⋯⋯8個
高湯⋯⋯1L
A 醬油⋯⋯2大匙
味醂⋯⋯1大匙
咖哩粉⋯⋯1大匙
鹽⋯⋯1小匙
沙拉油⋯⋯2小匙

準備

- 豬肉切成適口大小。
- 白蘿蔔滾刀切塊。
- 青江菜切成4～5cm長段。

料理步驟

1 將沙拉油倒入湯鍋，熱鍋後加入豬肉拌炒，待豬肉變色後加入白蘿蔔快速拌炒，最後倒入高湯。

2 水滾後加入**A**，蓋上鍋蓋轉小火燜煮15分鐘左右。最後加入小番茄和青江菜烹煮4～5分鐘即完成。

馬上享用
直接盛碗即可。

常備保存
放置室溫待湯冷卻，再盛裝至容器保存。
冷藏 2～3日　**冷凍** 3～4週

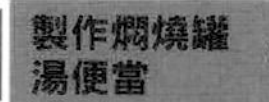

將滾水注入燜燒罐預熱2～3分鐘。預熱完成倒出，再將加熱冷藏或冷凍的湯品，倒入完成預熱的燜燒罐即可。

減醣食材❷雞肉

雞胸肉絲湯

1人份
醣類3.3g
142kcal
料理時間
15分鐘

不易煮熟的雞胸肉先切絲處理，
搭配蔬菜，營養滿分超健康！

材料（4人份）

雞胸肉 …… 1片
香菇 …… 3朵
紅蘿蔔 …… 1/3根
白菜 …… 2片
蔥 …… 4cm
鹽 …… 少許（醃雞肉用）
A 高湯 …… 800ml
鹽 …… 3/4小匙
醬油 …… 1小匙
沙拉油 …… 2小匙

準備

- 雞胸肉切薄片後再順紋切絲，撒一點鹽稍微醃製。
- 香菇切薄片，紅蘿蔔、白菜、蔥切絲。

料理步驟

1 將沙拉油倒入湯鍋，熱鍋後放入蔥、雞胸肉、紅蘿蔔、白菜拌炒，待食材軟化後加入香菇快炒，並倒入**A**烹煮。

2 水滾後，蓋上鍋蓋轉小火燜煮約7～8分鐘即完成。

馬上享用
直接盛碗，可視個人喜好撒一點山椒粉。

常備保存
放置室溫待湯冷卻，再盛裝至容器保存。
冷藏 2～3日　**冷凍** 3～4週

將滾水注入燜燒罐預熱2～3分鐘。預熱完成倒出，再將加熱冷藏或冷凍的湯品，倒入完成預熱的燜燒罐即可。

雞柳蕪菁玉米濃湯

蕪菁或大頭菜中，富含消化酵素及維生素。搭配低醣的雞柳，營養又飽足！

1人份
醣類 12.3g
127kcal
料理時間
15分鐘

材料（2人份）

雞里肌（雞柳）…… 2條
蕪菁 …… 2個（200g）
蕪菁葉 …… 100g
※也可以用大頭菜、蘿蔔代替。
玉米罐頭（奶油）…… 1/2罐（100g）
A 水 …… 500ml
　高湯粉 …… 1小匙
鹽、胡椒粉 …… 各少許

準備

- 雞柳去筋後從中間橫切一半，再切小片。
- 蕪菁切成0.7cm厚的半月形。
- 蕪菁葉汆燙後切段。

料理步驟

1 將A和蕪菁倒入湯鍋烹煮，5分鐘左右食材變軟後，加入雞柳條。

2 待肉色改變後加入玉米粒，水煮滾時放入蕪菁葉。最後用鹽、胡椒粉調到喜歡的味道。

馬上享用
直接盛碗即可。

常備保存
放置室溫待湯冷卻，再盛裝至容器保存。
冷藏 2～3日　冷凍 3～4週

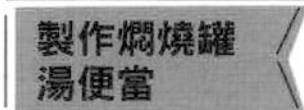
製作燜燒罐湯便當

將滾水注入燜燒罐預熱2～3分鐘。預熱完成倒出，再將加熱冷藏或冷凍的湯品，倒入完成預熱的燜燒罐即可。

雞腿小松菜鹽麴薑湯

調味料只用健康的鹽麴。使用清爽的雞肉，做出一道滋味豐富的的溫潤湯品。

1人份
醣類 4.7g
231kcal
料理時間
20分鐘

材料（4人份）

雞腿肉 ⋯⋯ 400g
小松菜 ⋯⋯ 100g
金針菇 ⋯⋯ 1包
薑 ⋯⋯ 1小塊
高湯 ⋯⋯ 1L
鹽麴 ⋯⋯ 2大匙

準備

- 雞腿肉切成適口大小。
- 小松菜切成3cm長段。
- 金針菇對半切短。
- 薑塊磨成泥。

料理步驟

1. 將高湯和雞肉放進湯鍋，蓋上鍋蓋後中火烹煮。水滾後轉小火煮10分鐘，並加入小松菜和金針菇。
2. 水滾後加入薑、鹽麴攪拌即完成。

馬上享用
直接盛碗即可。

常備保存
放置室溫待湯冷卻，再盛裝至容器保存。
冷藏 2～3日　冷凍 3～4週

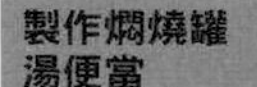

將滾水注入燜燒罐預熱2～3分鐘。預熱完成倒出，再將加熱冷藏或冷凍的湯品，倒入完成預熱的燜燒罐即可。

雞肉青花菜番茄起司湯

起司融化後為湯品帶來濃郁的風味！

1人份
醣類 6.3g
331kcal
料理時間
25分鐘

材料（4人份）

雞腿肉 …… 400g
青花菜 …… 150g
洋蔥 …… 1個
大蒜 …… 1/4瓣
鹽、胡椒粉 …… 少許（醃雞肉用）
高湯塊 …… 1/2個
A｜番茄汁 …… 200ml
　｜鹽 …… 1/2小匙
　｜胡椒粉 …… 少許
橄欖油 …… 2小匙
披薩用乳酪絲 …… 80g

準備

- 雞肉切成適口大小，加鹽和胡椒粉調味。
- 青花菜去硬皮切小朵。
- 洋蔥切薄片，大蒜對切。

料理步驟

1 將橄欖油倒入湯鍋，熱鍋後下雞肉，煎至表面變色，加入大蒜、洋蔥拌炒後，倒入800ml的水和高湯塊，蓋上鍋蓋燜煮。

2 水滾轉小火煮10分鐘，再加入青花菜煮3分鐘左右，撒上乳酪絲後熄火，蓋鍋蓋燜煮至起司融化。

馬上享用
直接盛碗即可。

常備保存
放置室溫待湯冷卻，再盛裝至容器保存。
冷藏 2～3日　**冷凍** 3～4週

製作燜燒罐湯便當

將滾水注入燜燒罐預熱2～3分鐘。預熱完成倒出，再將加熱冷藏或冷凍的湯品，倒入完成預熱的燜燒罐即可。

減醣食材③ 牛肉

壽喜燒牛肉湯

搭配喜愛的壽喜燒食材與低醣的白蒟蒻絲，飽足又美味。

1人份
醣類 6.7g
301kcal
料理時間
25分鐘

材料（4人份）

牛肉片 …… 300g
牛蒡 …… 80g
白菜 …… 300g
蔥 …… 1/2根
白蒟蒻絲 …… 1袋
A 高湯 …… 1.2L
醬油 …… 2大匙
料酒 …… 1大匙
砂糖、鹽 …… 各1小匙
沙拉油 …… 2小匙

準備

- 牛肉切成適口大小。
- 牛蒡切片，稍微泡水後撈起。
- 白菜切大塊。
- 蔥切斜段。
- 白蒟蒻絲汆燙後切成適口長度。

料理步驟

1 將沙拉油倒入湯鍋，熱鍋後放入牛肉和蔥拌炒，待肉色變白後加入白菜、牛蒡、白蒟蒻絲和**A**，蓋上鍋蓋烹煮。

2 水滾後，轉小火煮15分鐘左右。

馬上享用
直接盛碗即可。

常備保存
放置室溫待湯冷卻，再盛裝至容器保存。
冷藏 2～3日　**冷凍** 3～4週

製作燜燒罐湯便當

將滾水注入燜燒罐預熱2～3分鐘。預熱完成倒出，再將加熱冷藏或冷凍的湯品，倒入完成預熱的燜燒罐即可。

高麗菜捲奶油濃湯

利用高麗菜包起牛肉片，
大飽口福的簡單好滋味！

1人份
醣類 5.5g
349kcal
料理時間
30分鐘

材料（4人份）

牛肉片 ⋯⋯ 300g
高麗菜 ⋯⋯ 8小片
洋蔥（切薄片）⋯⋯ 1/4個
A 鹽 ⋯⋯ 1/3小匙
胡椒粉、肉荳蔻粉 ⋯⋯ 少許
B 水 ⋯⋯ 800ml
高湯塊 ⋯⋯ 1個
鹽 ⋯⋯ 1/2小匙
胡椒粉 ⋯⋯ 少許
月桂葉 ⋯⋯ 1片
鮮奶油 ⋯⋯ 50ml
奶油 ⋯⋯ 1大匙

準備

● 牛肉切成適口大小，撒上**A**調味。

製作燜燒罐湯便當

將滾水注入燜燒罐預熱2～3分鐘。預熱完成倒出，再將加熱冷藏或冷凍的湯品，倒入完成預熱的燜燒罐即可。

料理步驟

1. 高麗菜分兩次用加熱保鮮膜包覆後，放入微波爐（600W）加熱3分鐘，取出放冷。冷卻後去除葉子上的硬梗，將硬梗切成碎末。
2. 將牛肉、洋蔥及菜梗末混合後，分成8等分，取一份放在一片高麗菜上，左右往內折捲起來，包好後以牙籤固定。
3. 湯鍋預熱後融化奶油，放入2稍微煎一下。加入**B**蓋上鍋蓋，待水滾轉小火煮約15分鐘左右，食材變軟後加入鮮奶油略攪拌即完成。

馬上享用
直接盛碗即可。

常備保存
放置室溫待湯冷卻，再盛裝至容器保存。
冷藏 2～3日　冷凍 3～4週

滿滿蔬菜牛肉湯

1人份
醣類 6.7g
193kcal
料理時間
20分鐘

材料（4人份）

牛肉片 …… 120g

A
- 牛蒡 …… 1/4根
- 紅蘿蔔 …… 1/4根
- 小芋頭 …… 2個
- 蔥 …… 1/4根
- 蒟蒻 …… 1/4片
- 油豆腐 …… 1/2塊

醬油 …… 1/2大匙

B
- 味噌 …… 1大匙
- 高湯 …… 500ml

C
- 醬油 …… 2大匙
- 鹽 …… 少許

芝麻油 …… 1/2大匙
山椒粉 …… 適量

準備

- 牛肉切成適口大小，以醬油調味。
- 牛蒡滾刀切成一口大小，並浸泡冷水。
- 紅蘿蔔和小芋頭以滾刀切成一口大小。
- 蔥切成1.5～2cm長段。
- 蒟蒻用湯匙挖成一口大小。
- 油豆腐切成1.5cm大小塊狀。

料理步驟

1. 將芝麻油倒入湯鍋，熱鍋後放入調味好的牛肉拌炒，待肉色變白後，加入**A**均勻快炒。
2. 倒入**B**煮到蔬菜變軟，再用**C**調味。

馬上享用 直接盛碗後撒花椒粉即可。

常備保存 放置室溫待湯冷卻，再盛裝至容器保存。

冷藏 2～3日，不適合冷凍

製作燜燒罐湯便當

將滾水注入燜燒罐預熱2～3分鐘。預熱完成倒出，再將加熱冷藏或冷凍的湯品，倒入完成預熱的燜燒罐即可。

韓式牛肉菠菜泡菜湯

利用兼具酸辣風味的韓式泡菜，
搭配大量蔬菜，口感和滋味都滿足！

1人份
醣類4.3g
214kcal
料理時間
15分鐘

材料（2人份）

牛肉片 ⋯⋯ 100g
菠菜 ⋯⋯ 1/2把（150g）
櫛瓜 ⋯⋯ 1/2條（100g）
韓式泡菜 ⋯⋯ 100g
A | 水 ⋯⋯ 500ml
　| 雞粉 ⋯⋯ 1小匙
醬油 ⋯⋯ 1小匙
白芝麻 ⋯⋯ 1/2小匙
鹽、胡椒粉 ⋯⋯ 少許

準備

- 菠菜用熱開水汆燙後泡冷水，瀝乾水分後，切成3cm長。
- 櫛瓜切成0.5cm厚的半月形，撒少許鹽去生味。
- 韓式泡菜切大塊。

料理步驟

1 將A倒入湯鍋煮滾，放入牛肉烹煮並去除浮沫。

2 加入菠菜、櫛瓜、韓式泡菜和醬油，煮沸後加入白芝麻，以鹽和胡椒粉調味即完成。

馬上享用
直接盛碗即可。

常備保存
放置室溫待湯冷卻，再盛裝至容器保存。
冷藏 2～3日　冷凍 3～4週

製作燜燒罐湯便當

將滾水注入燜燒罐預熱2～3分鐘。預熱完成倒出，再將加熱冷藏或冷凍的湯品，倒入完成預熱的燜燒罐即可。

減醣食材④ 維也納香腸、培根

香蔥高麗菜培根湯

活用香氣十足的培根，煮一碗美味不發胖的湯料理。

1人份
醣類5.8g
127kcal
料理時間
20分鐘

材料（2人份）

培根 …… 2片
高麗菜 …… 1/4個（250g）
蔥 …… 1/2根
A | 水 …… 300ml
高湯塊 …… 1/2個
鹽、粗黑胡椒粒 …… 少許
橄欖油 …… 1/2小匙

準備

- 培根切成細長條。
- 高麗菜去粗梗，切成5cm片狀。
- 蔥切成2cm長段。

料理步驟

1 將橄欖油和培根一同放進湯鍋拌炒，再加入高麗菜、蔥以及**A**。

2 水滾後，撈去浮沫，虛蓋鍋蓋並轉中小火煮10分鐘左右即完成。

馬上享用
直接盛碗，撒鹽、黑胡椒粉調味。

常備保存
放置室溫待湯冷卻，再盛裝至容器保存。
冷藏 2～3日 冷凍 3～4週

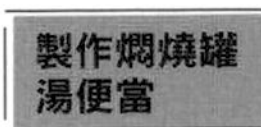

製作燜燒罐湯便當

將滾水注入燜燒罐預熱2～3分鐘。預熱完成倒出，再將加熱冷藏或冷凍的湯品，倒入完成預熱的燜燒罐即可。

香腸牛蒡奶油濃湯

1人份
醣類 8.0g
187kcal
料理時間
20分鐘

超人氣的減醣奶油湯料理，
牛蒡的香氣是這道湯品的亮點！

材料（4人份）

維也納香腸 ⋯⋯ 80g
牛蒡 ⋯⋯ 100g
牛奶 ⋯⋯ 400ml
鹽 ⋯⋯ 1/2小匙
胡椒粉 ⋯⋯ 少許
奶油 ⋯⋯ 20g
蔥花 ⋯⋯ 適量

準備

- 香腸斜切薄片。
- 牛蒡用削皮刀削成薄片。

料理步驟

1. 湯鍋加熱後融化奶油，加入香腸和牛蒡拌炒約3分鐘。加入200ml的水，蓋上鍋蓋繼續煮10分鐘左右。
2. 倒入牛奶加熱，用鹽和胡椒粉調味。

馬上享用
盛碗後撒蔥花即完成。

常備保存
放置室溫待湯冷卻，再盛裝至容器保存。
冷藏 2～3日　冷凍 3～4週

製作燜燒罐湯便當

將滾水注入燜燒罐預熱2～3分鐘。預熱完成倒出，再將加熱冷藏或冷凍的湯品，倒入完成預熱的燜燒罐即可。

培根牛蒡奶油起司湯

培根與牛蒡交乘出特有的風味，
充滿驚喜的溫暖好湯！

1人份
醣類3.5g
172kcal
料理時間
10分鐘

材料（4人份）

培根 …… 4片
牛蒡 …… 1/2根
蔥 …… 1/2根
A 水 …… 800ml
高湯粉 …… 1小匙
鹽 …… 1小匙
胡椒粉 …… 少許
奶油 …… 30g
起司粉 …… 2大匙

準備

- 培根切成0.5cm寬的長條。
- 牛蒡跟蔥切成4cm長的絲。

料理步驟

1. 湯鍋加熱後融化奶油，加入培根、牛蒡、蔥段拌炒。
2. 加入**A**烹煮5分鐘左右，再用鹽、胡椒粉調味即完成。

馬上享用
直接盛碗，撒上起司粉即可。

常備保存
放置室溫待湯冷卻，再盛裝至容器保存。
冷藏 2～3日　**冷凍** 3～4週

製作燜燒罐湯便當

將滾水注入燜燒罐預熱2～3分鐘。預熱完成倒出，再將加熱冷藏或冷凍的湯品，倒入完成預熱的燜燒罐即可。

培根蔥花西式蛋花湯

蔥的含醣量低、味道香甜濃郁，
依照喜好增加分量也不怕造成負擔。

1人份
醣類 9.7g
219kcal
料理時間
15分鐘

材料（2人份）

培根 …… 2片
大蔥 …… 2根
大蒜 …… 1瓣
甜椒（紅）…… 1/2個
豆苗 …… 1/2包
雞蛋（蛋液）…… 1個
A｜水 …… 500ml
　｜高湯粉 …… 1小匙
鹽、胡椒粉 …… 少許
橄欖油 …… 2小匙

準備

- 培根切成1cm寬的長條。
- 蔥白及蔥綠皆切成蔥花。
- 大蒜、甜椒切薄片。
- 豆苗切成3～4cm長段。

料理步驟

1. 將橄欖油和大蒜放進湯鍋，熱鍋後炒出蒜香味，再加入培根拌炒，出油後加入蔥花。
2. 加入甜椒、A一起煮滾後加入豆苗，待蔬菜變軟再慢慢倒入蛋液，最後用鹽和胡椒粉調味即完成。

馬上享用
直接盛碗即可。

常備保存
放置室溫待湯冷卻，再盛裝至容器保存。
冷藏 2～3日　冷凍 3～4週

製作燜燒罐湯便當

將滾水注入燜燒罐預熱2～3分鐘。預熱完成倒出，再將加熱冷藏或冷凍的湯品，倒入完成預熱的燜燒罐即可。

培根蕪菁湯

蕪菁幾乎整顆可食用，
輕鬆完成色彩繽紛的湯品

1人份
醣類 1.4g
50kcal
料理時間
15分鐘

材料（4人份）

培根 …… 2片
蕪菁 …… 2個
蕪菁葉 …… 30g
※也可以用大頭菜、蘿蔔代替。
月桂葉 …… 1片
鹽 …… 1小匙
胡椒粉 …… 少許

準備

- 培根切成1cm寬的長條。
- 蕪菁切成8等分的半月形。
- 蕪菁葉切成1cm長。

料理步驟

1. 將600ml的水、蕪菁、培根、月桂葉放入湯鍋，開大火煮滾後轉小火煮約5分鐘。
2. 加入蕪菁葉，再用鹽、胡椒粉調味即完成。

馬上享用
直接盛碗即可。

常備保存
放置室溫待湯冷卻，再盛裝至容器保存。
冷藏 2～3日　冷凍 3～4週

製作燜燒罐湯便當

將滾水注入燜燒罐預熱2～3分鐘。預熱完成倒出，再將加熱冷藏或冷凍的湯品，倒入完成預熱的燜燒罐即可。

法式香腸蔬菜燉湯

1人份
醣類 4.3g
118kcal
料理時間
10分鐘

材料（2人份）

維也納香腸⋯⋯3條
高麗菜⋯⋯2片
青椒⋯⋯1個
巴西里⋯⋯少許
高湯塊⋯⋯1/2塊
鹽、胡椒粉⋯⋯少許

準備

- 香腸切斜片。
- 高麗菜切大片。
- 青椒切絲。

料理步驟

1. 將300ml的水和高湯塊放進湯鍋烹煮，再加入香腸、高麗菜、青椒。
2. 待蔬菜煮軟後，加入切成碎末的巴西里，再用鹽、胡椒粉調味即完成。

馬上享用
直接盛碗即可。

常備保存
放置室溫待湯冷卻，再盛裝至容器保存。
冷藏 2～3日　冷凍 3～4週

製作燜燒罐湯便當

將滾水注入燜燒罐預熱2～3分鐘。預熱完成倒出，再將加熱冷藏或冷凍的湯品，倒入完成預熱的燜燒罐即可。

減醣食材⑤ 海鮮

煎鮭魚蕈菇湯

將蕪菁或蘿蔔磨泥，調和出清爽湯頭！
鮭魚在烹煮前先煎熟，可去除魚腥味。

1人份
醣類3.3g
162kcal
料理時間
20分鐘

材料（4人份）

生鮭魚 …… 4片（半月切片）
鴻喜菇 …… 150g
蕪菁 …… 3顆
也可以用大頭菜、蘿蔔代替。
蕪菁葉 …… 40g
高湯 …… 1L
鹽 …… 適量
醬油 …… 1小匙
沙拉油 …… 1小匙

準備

- 鴻喜菇剝小朵。
- 蕪菁磨泥後去除水分，菜葉切成碎末。

料理步驟

1. 每片鮭魚切成3份，抹1/2小匙鹽後味，靜置約5分鐘再拭去水分。平底鍋預熱後，倒入沙拉油煎鮭魚。
2. 將高湯倒入鍋裡，加入**1**、鴻喜菇再蓋上鍋蓋煮7～8分鐘後加入1小匙的鹽、醬油，並放入蕪菁泥和蕪菁葉末，稍微攪拌即完成。

馬上享用
直接盛碗即可。

常備保存
放置室溫待湯冷卻，再盛裝至容器保存。
冷藏 2～3日　冷凍 3～4週

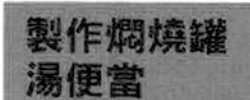

將滾水注入燜燒罐預熱2～3分鐘。預熱完成倒出，再將加熱冷藏或冷凍的湯品，倒入完成預熱的燜燒罐即可。

西式蝦仁甜椒湯

繽紛蔬菜搭配清甜鮮蝦，一道豪華的瘦身湯輕鬆完成！

1人份
醣類 6.3g
153kcal
料理時間
15分鐘

材料（2人份）

去殼蝦仁 …… 100g
甜椒（紅、黃）…… 各1/2小顆
菠菜 …… 1/2把
櫛瓜 …… 1小條
大蒜 …… 1瓣
A 水 …… 500ml
　高湯粉 …… 2小匙
鹽、粗黑胡椒粒 …… 少許
橄欖油 …… 1大匙

準備

- 蝦子去除泥腸。
- 甜椒切成3cm長條。
- 菠菜汆燙後泡冷水，瀝乾水分再切成3cm長段。
- 櫛瓜切成3cm長條狀。
- 大蒜拍碎。

料理步驟

1. 將橄欖油倒入湯鍋，熱鍋後放入大蒜炒香，再下甜椒、櫛瓜和蝦仁拌炒。
2. 蝦子顏色改變後倒入A並加入菠菜烹煮，最後用鹽和黑胡椒粒調味即完成。

馬上享用
直接盛碗即可。

常備保存
放置室溫待湯冷卻，再盛裝至容器保存。
冷藏 2～3日　冷凍 3～4週

製作燜燒罐湯便當

將滾水注入燜燒罐預熱2～3分鐘。預熱完成倒出，再將加熱冷藏或冷凍的湯品，倒入完成預熱的燜燒罐即可。

鮪魚青江咖哩蛋花湯

雞蛋和低醣鮪魚的搭配是滿分組合！
再隨意放入冰箱中的蔬菜就完成。

1人份
醣類 1.2g
132kcal
料理時間
10分鐘

材料（4人份）

鮪魚罐頭 ····· 1罐（80g）
青江菜 ····· 2株
雞蛋 ····· 2個
咖哩粉 ····· 2小匙
高湯塊 ····· 1個
鹽 ····· 1/3小匙
胡椒粉 ····· 少許
橄欖油 ····· 1大匙

準備

- 鮪魚罐頭瀝掉湯汁。
- 青江菜葉切成5cm長段，菜梗連根縱切成8等分。
- 雞蛋打成蛋液。

料理步驟

1 將橄欖油倒入湯鍋，熱鍋後炒青江菜菜梗至變軟，再加入咖哩粉、800ml的水和搗碎的高湯塊。

2 煮滾後，加入青江菜葉、鮪魚略煮後用鹽、胡椒粉調味。最後將蛋液順著筷子慢慢倒入湯鍋，待蛋腋膨脹後，即可熄火。

馬上享用
直接盛碗即可。

常備保存
放置室溫待湯冷卻，再盛裝至容器保存。
冷藏 2～3日　冷凍 3～4週

製作燜燒罐湯便當

將滾水注入燜燒罐預熱2～3分鐘。預熱完成倒出，再將加熱冷藏或冷凍的湯品，倒入完成預熱的燜燒罐即可。

義式鱈魚櫛瓜湯

海鮮和蔬菜搭配出豐富又鮮甜的湯品，小番茄讓味覺和視覺都更清爽。

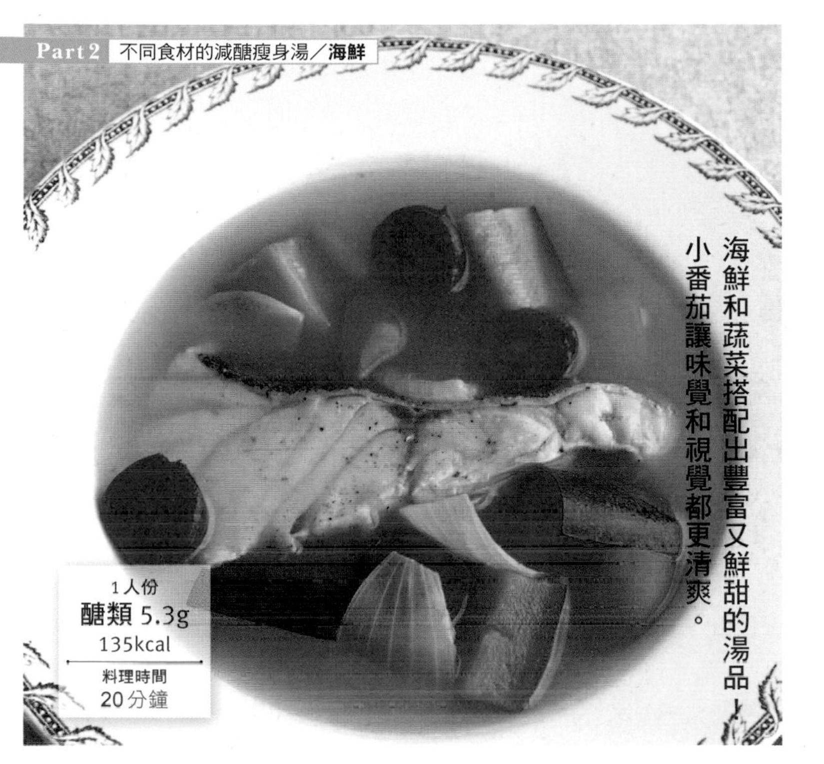

1人份
醣類 5.3g
135kcal
料理時間
20分鐘

材料（4人份）

生鱈魚 …… 1大片
櫛瓜 …… 1根
洋蔥 …… 1/2顆
黃甜椒 …… 1/2顆
小番茄 …… 8顆
大蒜 …… 1/2瓣
鹽、胡椒粉 …… 少許
白葡萄酒 …… 2大匙
A 水 …… 800ml
高湯塊 …… 1/4個
月桂葉 …… 1片
B 鹽 …… 1/2小匙
胡椒粉 …… 少許
橄欖油 …… 1大匙

準備

- 大片鱈魚切4塊（小片的話要用2片），抹鹽和胡椒粉調味。
- 櫛瓜、洋蔥、甜椒切成2cm小丁。
- 小番茄對半切。大蒜切薄片。

料理步驟

1 將橄欖油倒入湯鍋，熱鍋後放入蒜片炒出香味，放入鱈魚兩面煎熟再倒入白葡萄酒。

2 煮滾後加入櫛瓜、洋蔥、甜椒、**A**並蓋上鍋蓋燜煮，待水滾轉小火滾10分鐘。

3 加入小番茄，用**B**調味後煮2～3分鐘即完成。

馬上享用 直接盛碗即可。

常備保存 放置室溫待湯冷卻，再盛裝至容器保存。

冷藏 2～3日　**冷凍** 3～4週

製作燜燒罐湯便當

將滾水注入燜燒罐預熱2～3分鐘。預熱完成倒出，再將加熱冷藏或冷凍的湯品，倒入完成預熱的燜燒罐即可。

日式鰤魚蘿蔔清湯

1人份
醣類 2.2g
120kcal
料理時間
15分鐘

材料（4人份）

鰤魚 ---- 2塊
白蘿蔔 ---- 5cm長段
大蔥 ---- 1/2根
鹽 ---- 適量
高湯 ---- 500ml
A | 薑泥 ---- 1/2小匙
| 薄鹽醬油 ---- 2小匙
鴨兒芹或芹菜 ---- 3枝

準備

- 蘿蔔削除厚皮，切成圓薄片。
- 蔥切成3cm長段。
- 鴨兒芹或芹菜切碎。

料理步驟

1. 鰤魚切成3等分，撒上少許鹽靜置5分鐘左右，再用熱水快速汆燙，放到瀝水盤瀝乾。蔥放在烤魚架上烤至焦黃。
2. 將高湯、白蘿蔔放進湯鍋煮滾，加入**1**、1/3小匙的鹽。邊撈浮沫邊煮2～3分鐘，最後加入**A**及適量的鹽調味即完成。

馬上享用
直接盛碗，放入鴨兒芹或芹菜提味。

常備保存
放置室溫待湯冷卻，再盛裝至容器保存。
冷藏 2～3日　**冷凍** 3～4週

製作燜燒罐湯便當

將滾水注入燜燒罐預熱2～3分鐘。預熱完成倒出，再將加熱冷藏或冷凍的湯品，倒入完成預熱的燜燒罐即可。

鮭魚高麗菜味噌牛奶湯

善用市售罐頭的湯汁，
讓味噌湯更具一番風味。

1人份
醣類 9.3g
141kcal
料理時間
20分鐘

材料（4人份）

鮭魚罐頭 …… 1小罐（90g）
高麗菜 …… 200g
洋蔥 …… 1/2顆
鴻喜菇 …… 1包
高湯 …… 400ml
牛奶 …… 400ml
A 鹽 …… 1/2小匙
胡椒粉 …… 少許
味噌 …… 2小匙

準備

- 高麗菜切成2cm片狀。
- 洋蔥對半切，順紋切薄片。
- 鴻喜菇剝小朵。

料理步驟

1. 將高湯放進湯鍋烹煮，並放入高麗菜、洋蔥、鴻喜菇、鮭魚罐頭（連同湯汁），蓋上鍋蓋煮7分鐘左右。
2. 倒入牛奶，再用A調味即完成。

馬上享用
直接盛碗即可。

常備保存
放置室溫待湯冷卻，再盛裝至容器保存。
冷藏 2～3日　冷凍 3～4週

製作燜燒罐湯便當

將滾水注入燜燒罐預熱2～3分鐘。預熱完成倒出，再將加熱冷藏或冷凍的湯品，倒入完成預熱的燜燒罐即可。

泰式風味酸辣湯

材料（2人份）

蝦子 …… 6隻（淨重90g）
糯米椒 …… 8根
玉米筍 …… 2根
鴻喜菇 …… 60g
紅辣椒（切細圈）…… 1根
檸檬（切半月形）…… 2片
料理酒 …… 1大匙
高湯粉 …… 1/4小匙
魚露 …… 2小匙
香菜 …… 少許

準備

- 蝦子去殼開背、去泥腸。
- 糯米椒和玉米筍斜切一半。
- 鴻喜菇剝小朵。

料理步驟

1 將400ml水和料理酒放進湯鍋煮滾，加入高湯粉攪拌，再放入蝦子、糯米椒、玉米筍、鴻喜菇、紅辣椒烹煮。

2 待蝦子熟後，加魚露和檸檬即完成。

馬上享用
直接盛碗，添加香菜提味。

常備保存
放置室溫待湯冷卻，再盛裝至保容器存。
冷藏 2～3日　冷凍 3～4週

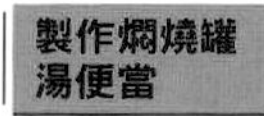

將滾水注入燜燒罐預熱2～3分鐘。預熱完成倒出，再將加熱冷藏或冷凍的湯品，倒入完成預熱的燜燒罐即可。

牛蒡沙丁魚丸味噌湯

利用牛蒡的口感與香氣，使沙丁魚更加美味！同時也能攝取到充足的膳食纖維。

1人份
醣類 11.1g
162kcal
料理時間
30分鐘

材料（2人份）

沙丁魚 …… 2尾
牛蒡 …… 1/4根
白蘿蔔 …… 1/8根（150g）
紅蘿蔔 …… 1/3根
蔥 …… 1/2把
A 薑汁 …… 少許
　鹽 …… 少許
　太白粉 …… 1/2大匙
高湯 …… 600ml
味噌 …… 1又1/2大匙

準備

- 牛蒡用削皮刀削成薄片後泡水。
- 白蘿蔔、紅蘿蔔切粗絲。
- 蔥切成5cm長段。

料理步驟

1. 沙丁魚去頭及內臟，再攤開去骨去皮，用菜刀拍打後放進調理機磨碎（或直接使用市售罐頭）。加入瀝掉水分的牛蒡及A拌勻。
2. 將高湯、白蘿蔔、紅蘿蔔放進湯鍋煮5分鐘左右。待蔬菜煮軟，將魚漿捏成魚丸狀加入鍋中。
3. 待魚丸浮起後，加入蔥，再加入用水拌開的味噌即完成。

馬上享用
直接盛碗即可。

常備保存
放置室溫待湯冷卻，再盛裝至保容器存。
冷藏 2～3日　冷凍 3～4週

製作燜燒罐湯便當

將滾水注入燜燒罐預熱2～3分鐘。預熱完成倒出，再將加熱冷藏或冷凍的湯品，倒入完成預熱的燜燒罐即可。

減醣食材⑥ 豆腐、油豆腐

中式豆腐玉米湯

結合各種家中常備食材的簡單湯品。
將豆腐剝碎放入湯中，更能入味。

1人份
醣類4.3g
38kcal
料理時間
15分鐘

材料（4人份）

嫩豆腐 ---- 1/2塊
玉米粒 ---- 40g
含鹽海帶芽 ---- 20g
高湯粉 ---- 1/2小匙

A
- 鹽 ---- 1/4小匙
- 胡椒粉 ---- 少許
- 醬油 ---- 1小匙

B
- 太白粉 ---- 1大匙
- 水 ---- 2大匙

準備

- 洗去海帶芽多餘的鹽分後泡水，切成適口大小。
- 將B的材料混合調勻成太白粉水。

料理步驟

1. 將600ml的水、高湯粉放進湯鍋煮滾，再加入玉米、A，並將豆腐剝碎後和海帶芽一起放入鍋中。
2. 一邊倒入B一邊攪拌，略煮一下就完成了。

馬上享用
直接盛碗即可。

常備保存
放置室溫待湯冷卻，再盛裝至容器保存。
冷藏 2～3日

製作燜燒罐湯便當

將滾水注入燜燒罐預熱2～3分鐘。預熱完成倒出，再將加熱冷藏或冷凍的湯品，倒入完成預熱的燜燒罐即可。

油豆腐豆芽擔擔湯

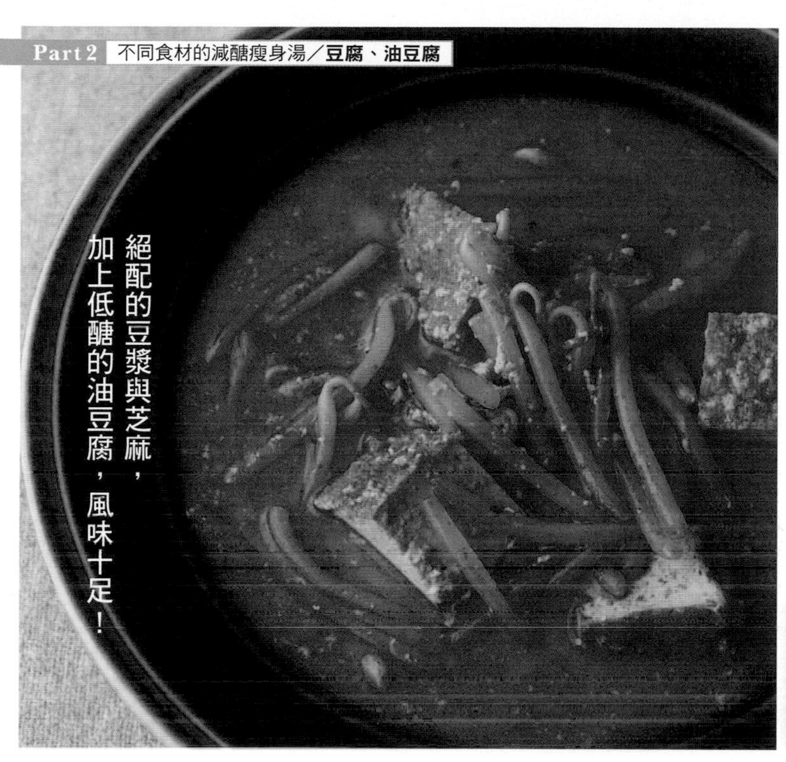

絕配的豆漿與芝麻，加上低醣的油豆腐，風味十足！

1人份
醣類 4.4g
156kcal
料理時間
10分鐘

材料（4人份）

油豆腐 ⋯⋯ 1塊
豆芽 ⋯⋯ 1包
蔥 ⋯⋯ 5cm小段
大蒜 ⋯⋯ 1/4瓣
豆瓣醬 ⋯⋯ 1/2小匙
中式高湯粉 ⋯⋯ 1小匙
A 豆漿（原味） ⋯⋯ 300ml
醬油 ⋯⋯ 2小匙
白芝麻粉 ⋯⋯ 2大匙
鹽 ⋯⋯ 1/2小匙
芝麻油 ⋯⋯ 1小匙
辣油 ⋯⋯ 少許

準備

- 油豆腐切大塊。
- 蔥和大蒜切碎末。

料理步驟

1 將芝麻油倒入湯鍋，熱鍋後加入大蒜、蔥、豆瓣醬拌炒出香氣後，加入500ml的水和高湯粉。

2 水滾後加入油豆腐和豆芽煮4～5分鐘，最後加入A煮到湯滾即完成。

馬上享用
直接盛碗，淋上辣油即可。

常備保存
放置室溫待湯冷卻，再盛裝至容器保存。
冷藏 2～3日

製作燜燒罐湯便當

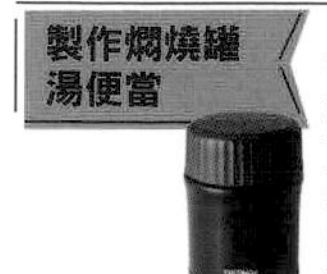

將滾水注入燜燒罐預熱2～3分鐘。預熱完成倒出，再將加熱冷藏或冷凍的湯品，倒入完成預熱的燜燒罐即完成，享用前再淋上辣油。

日式豆腐牛蒡蔬菜湯

材料（4人份）

板豆腐 …… 1/2塊
嫩牛蒡 …… 1根
豬五花肉（薄片） …… 100g
大蔥 …… 1根
高湯 …… 1.2L
A 醬油 …… 2大匙
　味醂 …… 2小匙
　鹽 …… 1/2小匙

準備

- 用廚房紙巾輕壓豆腐去除水分。
- 用刀背刮除牛蒡皮，切斜薄片後泡水。
- 蔥切成1.5cm小段。
- 豬肉切成3cm寬的長條。

料理步驟

1 將高湯倒入湯鍋裡煮滾轉小火後，放入肉片煮熟，再加入牛蒡煮到變軟。

2 加入蔥段稍微煮一下，一邊將板豆腐剝成適口大小一邊放入鍋中，煮滾後用**A**調味即完成。

馬上享用
直接盛碗即可。

常備保存
放置室溫待湯冷卻，再盛裝至容器保存。
冷藏 2～3日，不適合冷凍

製作燜燒罐湯便當

將滾水注入燜燒罐預熱2～3分鐘。預熱完成倒出，再將加熱冷藏或冷凍的湯品，倒入完成預熱的燜燒罐即可。

中式豆腐高麗菜湯

1人份
醣類7.7g
83kcal

料理時間
20分鐘

材料（2人份）

豆腐……1/2塊（150g）
高麗菜……1/6顆（200g）
冬瓜……1/8顆（150g）
A 水……500ml
　雞粉……2小匙
蠔油……2小匙
鹽、胡椒粉……少許

準備

- 豆腐切成長條。
- 高麗菜切絲。
- 冬瓜去籽、削皮再切成長條。

料理步驟

1. 將A、冬瓜放進湯鍋煮5分鐘左右。
2. 冬瓜變軟後，加入豆腐和高麗菜，水滾後用蠔油、鹽、胡椒粉調味即完成。

馬上享用
直接盛碗即可。

常備保存
放置室溫待湯冷卻，再盛裝至容器保存。
冷藏 2～3日，不適合冷凍

製作燜燒罐湯便當

將滾水注入燜燒罐預熱2～3分鐘。預熱完成倒出，再將加熱冷藏或冷凍的湯品，倒入完成預熱的燜燒罐即可。

韓式豆腐泡菜湯

材料（4人份）

板豆腐 ---- 1塊
韓式泡菜 ---- 150g
蔥綠 ---- 適量
A | 水 ---- 800ml
　| 高湯粉 ---- 1小匙
　| 鹽 ---- 1小匙
　| 醬油 ---- 1/2大匙
芝麻油 ---- 1大匙

準備

- 豆腐對半切後，切成1cm厚塊。
- 韓式泡菜切成2～3cm寬。
- 蔥斜切薄片。

料理步驟

1 將A拌勻放進湯鍋煮滾，放入豆腐。

2 水滾後加入韓式泡菜和蔥片，最後淋上芝麻油即完成。

馬上享用
直接盛碗即可。

常備保存
放置室溫待湯冷卻，再盛裝至容器保存。
冷藏 2～3日

製作燜燒罐湯便當

將滾水注入燜燒罐預熱2～3分鐘。預熱完成倒出，再將加熱冷藏或冷凍的湯品，倒入完成預熱的燜燒罐即可。

油豆腐蔬菜薑湯

生薑讓身體暖呼呼。
美味湯底來自食材豐富的蔬菜！

1人份
醣類 7.8g
200kcal
料理時間
15分鐘

材料（2人份）

油豆腐 …… 1塊
白蘿蔔 …… 1/8根（150g）
紅蘿蔔 …… 1/3根
高麗菜 …… 1/8顆（150g）
薑 …… 1小塊
高湯 …… 600ml
醬油 …… 1大匙
鹽 …… 少許

準備

- 油豆腐縱向對切後，切成0.5cm厚的長條。
- 白蘿蔔、紅蘿蔔切成長薄片。
- 高麗菜切大片。
- 薑磨泥。

料理步驟

1. 將高湯放進湯鍋煮滾，加入白蘿蔔、紅蘿蔔、油豆腐煮5分鐘左右。
2. 鍋中食材變軟後，加入高麗菜煮一下，最後用醬油和鹽調味即完成。

馬上享用
直接盛碗，放一點薑泥調味即可。

常備保存
放置室溫待湯冷卻，再盛裝至容器保存。
冷藏 2～3日

製作燜燒罐湯便當

將滾水注入燜燒罐預熱2～3分鐘。預熱完成倒出，再將加熱冷藏或冷凍的湯品，倒入完成預熱的燜燒罐即完成，享用前再加入薑泥調味。

食材分類索引

台灣廣廈 國際出版集團
Taiwan Mansion International Group

國家圖書館出版品預行編目（CIP）資料

超省時減醣瘦身湯：5分鐘搞定！用燜燒罐就能做，103道湯便當&宵夜湯，美味零負擔！/ 主婦之友社著. -- 初版. -- 新北市：瑞麗美人, 2021.10
面； 公分
ISBN 978-986-96486-9-1（平裝）
1.食譜 2.湯 3.減重

427.1 110014943

瑞麗美人

超省時減醣瘦身湯

5分鐘搞定！用燜燒罐就能做，103道湯便當&宵夜湯，美味零負擔！

作　　者／主婦之友社
編輯中心編輯長／張秀環・**編輯**／黃雅鈴
封面設計／何偉凱・**內頁排版**／菩薩蠻數位文化有限公司
製版・印刷・裝訂／東豪・弼聖・秉成

行企研發中心總監／陳冠蒨
媒體公關組／陳柔彣
綜合業務組／何欣穎
線上學習中心總監／陳冠蒨
數位營運組／顏佑婷
企製開發組／江季珊、張哲剛

發 行 人／江媛珍
法律顧問／第一國際法律事務所 余淑杏律師・北辰著作權事務所 蕭雄淋律師
出　　版／瑞麗美人國際媒體
發　　行／蘋果屋出版社有限公司
地址：新北市235中和區中山路二段359巷7號2樓
電話：（886）2-2225-5777・傳真：（886）2-2225-8052

代理印務・全球總經銷／知遠文化事業有限公司
地址：新北市222深坑區北深路三段155巷25號5樓
電話：（886）2-2664-8800・傳真：（886）2-2664-8801
郵政劃撥／劃撥帳號：18836722
劃撥戶名：知遠文化事業有限公司（※單次購書金額未滿1000元需另付郵資70元。）

■出版日期：2021年10月
ISBN：978-986-96486-9-1
■初版2刷：2023年12月

太らないスープ弁当&夜遅スープ１０３レシピ